兵器世界奥秘探索

智能兵器——导弹火箭的故事

田战省 编著

吉林出版集团
北方妇女儿童出版社

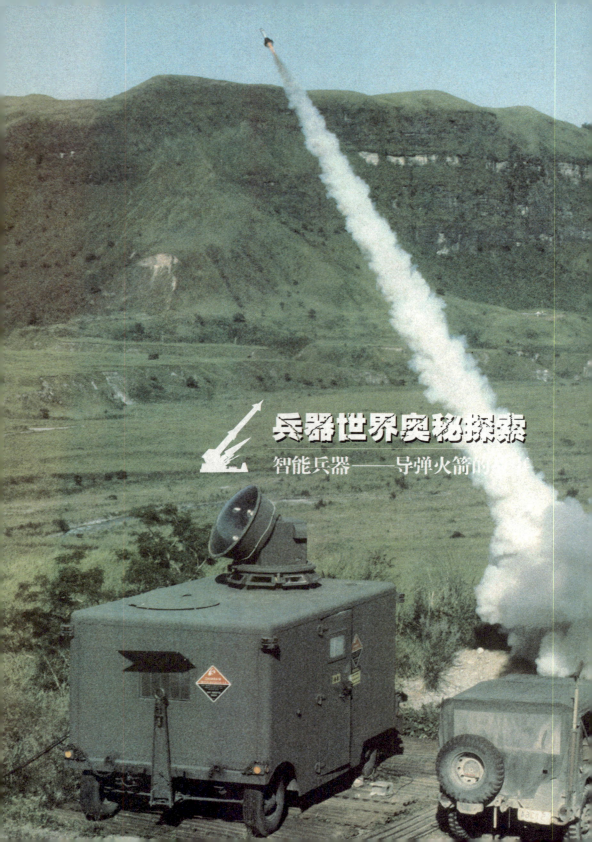

兵器世界奥秘探索

智能兵器——导弹火箭的

前言
▶▶▶ Foreword

　　火箭在中国已经有非常悠久的历史了,它是我国古代劳动人民的智慧结晶。当火箭传到欧洲后,欧洲人对这种火箭进行了许多先进的改进,于是近代的火箭便陆续诞生了。人们给火箭装上弹头,它就变成了威力无穷的导弹武器了,在第二次世界大战中德国最早开始应用导弹武器,让平静的英国一下子骚动起来,人们对这种新式武器产生莫名的恐慌。第二次世界大战结束后,美国和苏联开始对"战争中的英雄"进行全面的解剖,人们才开始了解这个厉害的怪兽。其他国家也开始进行导弹的研究工作,都取得了令人可喜的成绩,在大家的共同努力之下,各种各样的导弹便应运而生,战略导弹、防空导弹、弹道导弹、巡航导弹等,导弹家族慢慢地人丁兴旺起来。

　　本书主要分为五部分介绍这种智能武器:火箭简史、战略导弹、对空导弹、对面导弹以及导弹克星,分别从各个方面讲述了导弹和火箭的故事,详细地向大家介绍了火箭、导弹的诞生、发展、壮大过程,以及现代导弹的特点、发展趋势等方面的知识。让大家对导弹和火箭有一个全面正确的认识,简单了解一些现代化的军事武器,激发大家对科学技术的浓厚兴趣,培养科学探索的精神。

　　虽然和平与发展是当今世界的主题,但是火箭、导弹这两种高科技水平下的产物,仍然是现代社会衡量一个国家生产力发展水平的重要方面。导弹、火箭在生活中也发挥着巨大的作用,我们的许多梦想还要依靠它们来实现。尤其是火箭作为重要的运载工具,发挥着越来越重要的作用了。各种宇宙飞船能够在宇宙空间自由穿梭,宇航员能够离开地球踏上其他星球,完成既定的目标,这都是火箭的功劳。我们能够吃到各种各样的转基因食品,这也是由于火箭的积极帮助,这些种子才能在太空中安家。总之,我们未来的生活还是离不开这两兄弟的热心帮助。

目录

►►► Contents

对面导弹

导弹克星

火箭简史

火箭是依靠自身携带燃烧剂与氧化剂，不依赖空气中的氧助燃，既可在大气中，又可在外层空间飞行的现代化大型装置。现代火箭用途非常广泛，如作为发射人造卫星的运载工具，以及其他飞行器的助推器，此外，如用于投送作战用的火箭武器，其中可以制导的称为导弹，无制导的称为火箭弹。其实火箭的历史源远流长，只不过是在近代获得了长足的发展。

兵器知识

> 火箭武器的有效载荷是战斗部(弹头)
反物质火箭目前只是在理论上探索

火箭早期历史 >>>

火箭升空时,带着一个闪着火花的长长尾巴直上云霄,耀眼的火光晕染了一整片天空,那种景象何其壮观。然而火箭刚刚诞生之初是没有这么美丽的,正所谓女大十八变,火箭在慢慢地成长,它的能力不断地提高,美丽也在持续增长,由点点星火到一个巨大的火柱,火箭散发出来的美丽越来越多也越来越持久了。

火箭的起源

火箭一词根据古书记载,最早出现在公元3世纪的三国时代,距今已有1700多年的历史了。当时在敌我双方的交战中,人们把一种头部带有易燃物点燃后射向敌方,飞行时带火的箭叫做火箭。这是一种用来火攻的武器,实质上只不过是一种带"火"的箭,在含义上与我们现在所称的火箭大为不同。

唐代发明火药之后,到了宋代,人们把装有火药的筒绑在箭杆上,或在箭杆内装上火药,点燃引火线后射出去,箭在飞行中借助火药燃烧向后喷火所产生的反作用力使箭飞得更远,人们又把这种喷火的箭叫做火箭。这种向后喷火、利用反作用力助推的箭,已具有现代火箭的雏形,可以称之为原始的固体火箭。

在明朝时,火箭技术达到高峰并广泛应用于实战,从明朝初年的靖难之役,到万历时期的援朝抗日战争,再到后来对英国人的战斗中都有大规模使用的记载。《武备志》

中国是火箭的故乡,中国古代的火箭依靠火药自身喷气向前推进。与现代火箭的推动原理相同。而中国史料记载的火箭距今已经有八百多年的历史。

一书中更是记载了当时琳琅满目的火箭类武器,从单发的简单火箭到多管连发的一窝蜂等火箭炮,再到多级火箭出水火龙,基本上形成了现代火箭的所有门类。根据《明史》记载,在当时一场战斗动用几万支火箭是司空见惯的。

火箭远游

火箭虽然发明于中国,在几百年间广泛

🔊 19世纪战场上使用的火箭

地运用并流传下来，但并未在中国取得突破性进展。相反，当火箭技术传到西方后，人们开始对火箭这一新鲜的事物展开大规模的研发。18世纪，印度在对抗英国和法国军队的多次战争中曾大量使用火箭，获得良好的战果，也因此带动欧洲火箭技术的发展。火箭是历史悠久的投射武器，中国古代的火箭是现代火箭的鼻祖，早在宋理宗绍定5年（1232年）宋军保卫汴京时，便已用来对抗围城的元军，后来火箭技术经由阿拉伯人传至欧洲。西方人开始对火箭这一项技术不断地改进，经过改进后的火箭被大规模地运用到军事方面。从此，军队的战斗力已经明显提高，但仍需说明的是，早期研制出的火箭在性能上还和今天我们所讲的火箭有很大差别。由于技术方面的一些原因，当时的火箭射程都比较近，还不能进行远程应用，而且落点散布大，杀伤力也不够强大，与人们预期的目标还有一些差距，人们的美梦未能在第一时间内实现。因此，当人们发现火炮这种新式武器以及它自身所带有的一些优点后，火箭曾一度被人们冷落，火箭的发展速度也缓慢下来，昔日的激情也渐渐地散落下来。

旧梦重拾

人们不惜巨资花费不断地探索火箭技术，就是希望有一天它可以为人所用，直到19世纪80年代，瑞典工程师拉瓦尔发明了拉瓦尔喷管。这一伟大的发明在火箭发展史上有举足轻重的作用，拉瓦尔喷管给研究火箭的发动机带来新的思路，火箭发动机的设计开始日臻完善，人们才以更快的速度向目标接近。

19世纪末20世纪初，液体火箭技术开始慢慢兴起。第一次世界大战后，随着科学技术的不断进步，火箭这一旧梦重新惊醒了人们，研究火箭武器的热情进一步高涨起来，火箭武器得到迅速发展，无论是在射程还是在击中目标的精准度方面都令人刮目相看。第二次世界大战中一些国家花大力气将火箭武器运用到战场上，更是让人们见证了火箭的威猛气势，也让火箭在更多人面前扬眉吐气了一番，见识到火箭的人们开始对这个巨大的家伙爱不释手，反复地琢磨起来。

和平期的蓄势

第二次世界大战结束后，各大国都开始重视起火箭技术研究，尤其是在战争中被侵略的国家，希望拥有更多先进的武器，在战争中能够掌握更多的主动权，于是紧锣密鼓

🔊 1780年在岗特战役中，当印度人密集的火箭弹幕落到英国人的密集队形中，平素十分坚定的英军四散奔逃。

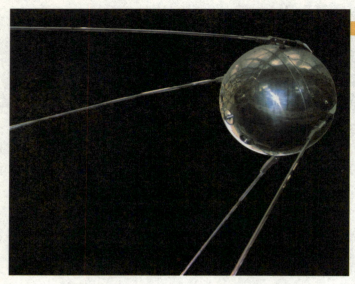

卫星一号是第一颗进入地球轨道的人造卫星

第一个运载火箭

1957年10月4日,苏联发射了世界上第一颗人造地球卫星。从此,人类进入了开发利用空间的新纪元,这是人类航天史上具有里程碑意义的重大事件。那么,苏联发射世界上第一颗人造卫星用的是什么火箭呢?为了同美国进行军备竞赛,苏联从1954年开始集中力量研制P-7洲际弹道式战略导弹。1957年8月21日,P-7首次进行全程飞行试验并获得了成功。

地开始研究起来。已经拥有先进技术的国家更是唯恐落后,容不得半点松懈。在众多国家的努力之下,现代火箭技术已经相当成熟。

20世纪50年代以来,火箭技术得到了迅速发展和广泛应用,其中尤以各类可控火箭武器(导弹)和空间运载火箭发展最为迅速。从火箭弹到反坦克导弹、反飞机导弹和反舰导弹以及攻击地面固定目标的各类战术导弹和战略导弹,均已发展到相当完善的程度,已成为现代军队必不可少的武器装备。各类火箭武器正在继续向提高命中精度、抗干扰能力、突防能力和生存能力的方向发展。此外,反导弹、反卫星等火箭武器也正在研制和发展之中,在地对地弹道导弹基础上发展起来的运载火箭,已广泛用于发射卫星、载人飞船和其他航天器等。

现在虽然大环境出于和平期,但是和平期的蓄势也理所当然了,不然就会应了那句"生于忧患,死于安乐"了!

接着,苏联在P-7战略导弹所用的运载器基础上改装成卫星号运载火箭,并于1957年10月4日发射了世界上第一颗人造地球卫星。卫星号运载火箭是一枚一级半型的火箭,也就是中间是一枚单级火箭,四周捆绑4个助推火箭(助推器)。卫星号运载火箭全长29.167米,起飞时总重267.3吨。中间芯级用的是液体火箭,采用液氧和煤油做推进剂。4个助推器采用的也是液体火箭,推进剂与芯级火箭相同。起飞时,中间芯级火箭与4个助推器同时点火,飞行120秒后,助推器的发动机关机,并同芯级分离,芯级

兵器简史

"二战"结束后,俄国、英国及美国等国竞相从佩内明德的德国火箭计划获取到火箭技术,及训练有素的军事科学人员。俄国与英国仅仅获得了一些成果,只有美国获益最多,美国从中得到了大批德国火箭科学家,他们为美国后来的火箭研究做出了巨大的贡献。

固态火箭与液态火箭便是现今比较常用的火箭。此外，还有混合火箭，就是用固体的燃料加液体的氧化剂。另外，值得一提的是，现今运载火箭大多包含了液态火箭和固态火箭，也就是说，一个火箭可能第一节是固态的而第二节却是液态的。

火箭继续工作180秒，当火箭达到卫星入轨速度后，芯级火箭的发动机关机，卫星与火箭分离，卫星进入预定轨道。卫星号火箭前后共发射了3次，将苏联三颗卫星送入到轨道，以后再没有单独使用过，而是作为多级火箭的最下面一级来使用。

美丽的期待

在20世纪80年代初，火箭研究已经向着更加广泛的地带发展了，苏联和美国已经分别研制出六七个系列的运载火箭。近几年火箭的发展速度更是惊人，各种专用火箭相继出现，尤其是运载火箭发挥着越来越重要的作用了。运载火箭正朝着高可靠、低成

⬆ "阿丽亚娜" 5号矗立在火箭发射架上，它是捆绑式火箭。

本、多用途和多次使用的方向发展。航天飞机的问世，就是这一发展趋势的最好体现。火箭技术的快速发展，不仅将提供更加完善的各类火箭武器，还将使建立空间工厂、空间基地以及星际航行等成为可能。现在我们的餐桌上越来越多的转基因产品不断出现，在品尝美味的同时，我们也不得不感慨科学家们的聪明才智以及火箭的伟大作用。或许在不久的将来，更加不可思议的事情便会成为可能，到那时火箭将成为我们探测地球以外世界的最大功臣，而这一美好的愿望还需要更多科学工作者的加油努力，相信这一美丽的期待很快就会到来。

⬆ 多级火箭"能源"号发射升空

> 齐奥尔科夫斯基被尊称为"火箭之父"
> 解决多级火箭问题，火箭方程同样适用

火箭理论 》》》

火箭虽然很早就被人们发明并运用，但是一直以来也没有人对火箭有一个完整详尽的理论论述，形成了一个长期的空白。齐奥尔科夫斯基终于打破了这一长时间的沉默，他凭借着自己渊博的知识，为人类构建了一个相当完整的航天学的理论体系，其中许多研究成果在航天史上属于第一。

齐奥尔科夫斯基关于宇宙航行的思想有一段十分精辟的名言："地球是人类的摇篮，但是人不能永远生活在摇篮里。"

英雄少年

齐奥尔科夫斯基童年的时候不幸得了猩红热，留下耳聋的后遗症。从此，他无法上学，甚至连小朋友们的游戏也无法参加了。然而，他并不孤独，他蹲在家里，开动脑筋，给自己制作玩具。父母和亲友见他小小年纪，用那一双灵巧的手制出许多精美的自动玩具，惊奇极了。他爱读书爱学习，他在父亲书房里如饥似渴地阅读着科技书籍。有一次竟然根据书上一幅简单的插图，制出了一架可以测量森林的古代观象仪。

齐奥尔科夫斯基在莫斯科花了整整 3 年的时间，自学了多门中学和大学课程，尤其是高等数学。他关于宇宙航行的思想似乎就是在这个时期产生的，这有他后来一篇自传中的话为证："宇宙空间交通的思想从没有离开过我，并促使我研究高等数学。"康斯坦丁·齐奥尔科夫斯基靠顽强的意志，在极艰苦的环境中一边学习一边进行着研究工作。

火箭方程

1903 年，齐奥尔科夫斯基发表了专著《利用喷气工具研究宇宙空间》，论证了喷气工具用于星际航行的可行性，推导出了著名的齐奥尔科夫斯基火箭公式，该原理是现代空间飞行器的基础原理。齐奥尔科夫斯

最近由英国著名数学家威廉·摩尔发表的名为《关于火箭运动的论述》中显示，英国皇家军事学院已于1813年推导出火箭方程式，并应用于最初的武器研究，但由于该理论从未公开发表，故不被承认，仍然继续使用原有名称齐奥尔科夫斯基火箭方程式。

К. ЦИОЛКОВСКИЙ.

ВОЛЯ ВСЕЛЕННОЙ.

НЕИЗВЕСТНЫЕ РАЗУМНЫЕ СИЛЫ.

(Склад изданий у автора).

Адрес: Калуга, ул. Брута, 3. Adresse: U. S. S. R. (Russie), Kaluga, Tziolkowsky, Ciolkowsky (latin).

Издание автора.
КАЛУГА. — 1928.

齐奥尔科夫斯基的论文《用火箭推进器探索宇宙》封面

基火箭方程的核心内容是：基于动能守恒原理，任何一个装置通过一个消耗自身质量的反方向推进系统，可以在原有运行速度上产生并获得加速度。在书中他首次提出了使用液体火箭的设想，认为固体火箭推进剂产生的能量较小，而且难以控制，而液体火箭则可以克服这些缺点。

理想速度

1903年，俄国科学家齐奥尔科夫斯基在他的论文《用火箭推进器探索宇宙》一文中提出了著名的齐奥尔科夫斯基火箭理想速度公式。由于没有考虑空气阻力等因素阻碍效应，计算出来的速度比实际数值大，所以称之为理想速度。尽管如此，该公式仍足以说明速度与比推力、质量比之间的关系。

多级火箭原理

齐奥尔科夫斯基还首次论证了利用多级火箭克服地球引力的构想。在他的科幻小说中提到了宇航服、太空失重状态、登月车等，这些设想和现代太空技术完全一样。所谓多级火箭，简单地说，就是把几个单级火箭连接在一起形成的，其中的一个火箭先工作，工作完毕后与其他的火箭分开，然后第二个火箭接着工作，依此类推。由几个火箭组成的就称为几级火箭，如二级火箭、三级火箭等。但是，如果多个火箭同时工作，它们只能算作一个级。多级火箭的优点是每过一段时间就把不再有用的结构抛弃掉，无需再消耗推进剂来带着它和有效载荷一起飞行。因此，只要在增加推进剂质量的同时适当地将火箭分成若干级，最终可以使火箭达到足够大的运载能力。但火箭并不是级数越多越好。

◄◄◄ 兵器简史 ►►►

随着科技的发展，人类制造的空间飞行器的功能逐渐增多，要求火箭具有更大的运载能力，因而多级火箭便应运而生了。第二次世界大战结束后，美国依靠继承的德国科学家及研究的成果，终于在1949年研制了第一枚多级火箭，从此，多级火箭成为人们竞相研究的焦点。

> 首枚液体火箭发射地现为美国历史地标
> 为保证火箭顺利飞行还需配有制导系统

兵器知识

戈达德的实验 >>>

美国火箭专家罗伯特·戈达德有句名言:"昨天的梦想就是今天的希望、明天的现实。"正是罗伯特·戈达德的科学研究才使我们今天有机会现实许多飞天的梦想。早在 20 世纪初,罗伯特·戈达德就对火箭做了许多研究和试验。他的多级火箭设计思想到今天还在用,就某些方面来说,今天的火箭都是戈达德火箭。

不爱学习的孩子

罗伯特·戈达德于 1882 年出生在美国马萨诸塞州伍斯特。戈达德童年时代,他们举家搬迁到马萨诸塞州波士顿。他的父亲

🔴 罗伯特·戈达德

精通机械,是波士顿机械业刀具加工商。戈达德少年时代经常生病,无法坚持正常上学。17 岁时,戈达德全家回迁伍斯特。戈达德并不是一个爱学习的好孩子,他讨厌数学,然而,令人万万没有想到的是他最厌恶的数学却帮助他成就了一番事业。

突发奇想

在一年秋天的一个美丽的日子里,戈达德正坐在他家屋后的一棵树下读英国作家韦尔斯的科幻小说《星际大战:火星人入侵地球》。说来也真奇怪,就在这一天,他突然有一个想法,希望发明一种飞行器,这种飞行器可以比什么都飞得更高、更远。他认准了人生这一奋斗目标,相信自己一定能够成功。他说:"我明白我必须做的头一件事就是读好书,尤其是数学;即使我讨厌数学,我也必须攻下它。"

从此之后戈达德开始努力学习,后来他在伍斯特综合技术学院完成了学业,留校当了一名物理教师,但戈达德从来没有忘记自己的梦想,他依然默默奋斗着,后来他考上

了克拉克大学。在克拉克大学的一年后,戈达德去了新泽西州普林斯顿学院开始了火箭的研究工作。

病魔来袭

戈达德在新泽西州普林斯顿学院经常通宵达旦地工作,终于懂得了怎样让火箭飞得比什么都高。但是长期废寝忘食的工作,让他的身体状况越来越差了,终于他病倒了,手头上的工作不得不停下来,接受正规的治疗。经过 X 光透视,医生诊断出戈达德患上了同他母亲一样在当时被认为是无药可救的病——肺结核。医生说戈达德只能再活两周,让他长期休息。不得已戈达德暂时放下了手边的工作,但他一刻也没有忘记自己的火箭研究。

坚持不懈的研究

两周之后,奇迹居然发生了,戈达德没有死,他又欢欣鼓舞地开始工作了。

1913 年 10 月,戈达德完成了第一枚火箭计划,次年 5 月又完成了一枚火箭计划。这两次火箭计划为后来的载人航天奠定了必不可少的基础。

1914 年,美国政府授予戈达德两项专利以保护其发明权。1919 年,斯密森学会在《到达极限高度的方法》上发表了戈达德的几份报告来阐明他的火箭研究。报告阐明了他怎样发展火箭的数学理论,并让火箭飞得比气球高的方法。在报告中,戈达德还讲述了火箭飞抵月球的可能性。

在实验过程中戈达德也遇到了许多科学家所面临的棘手的问题,实验研究这笔巨大的经费究竟从何而来呢?这可愁坏了科学家,所幸的是,在世界著名飞行员查尔斯·林德伯格的帮助下,戈达德从古根海姆基金筹

🔥 1926 年 3 月 16 日,罗伯特·戈达德在新英格兰冒着严寒,站在保存下来的他的发明成果——发射架与第一个液体燃料火箭旁留影。

到了一笔经费,问题解决后,戈达德立刻又开始着手研制更大的火箭。

厚积薄发的瞬间

当莱特兄弟驾驶世界上第一架飞机飞越了美国北卡罗来纳州之后,其他的科学家和发明家也开始研究起飞机来。但是,戈达德的梦想远远超越了那个时代,他的目标是要打造与飞机不同的飞行器,并把自己各种独特的设计称之为"火箭"。

戈达德设计并试射了许多火箭,这些火箭都是用固体化学燃料做动力的。在复杂的实验过程中,戈达德也像其他的发明家一样经历过失败的痛苦,也体验过成功的喜

🔊 1912年，戈达德成为普林斯顿大学的研究员。

1935年，戈达德再次吸引了公众的目光，发射了一枚液体火箭，这枚火箭的速度第一次超过了声速。此后，戈达德还获得火箭飞行器变轨装置和用多级火箭增大发射高度等多项专利。后来，戈达德还陆续地研制出了火箭发动机燃料泵、自冷式火箭，发动机和其他等部件。戈达德设计的小推力火箭发动机已经是现代登月小火箭的原型，曾成功地升空到约2000米的高度，将人类的探月计划快速地向前推进了。

悦，每一步小小的成功都激励着戈达德继续奋斗。终于功夫不负有心人，到了1925年，戈达德的实验已经取得了很大的成功，他自行设计并成功试射了世界上第一枚用软体化学燃料做动力的火箭。成功的果实再次激发着戈达德不断实验的热情，1926年，他又成功地试射了世界上第一枚用液体化学燃料做动力的火箭。

到此，一些曾经嘲笑戈达德的想法极其荒谬的人们，开始渐渐关注起他的研究成果，许多历史学家认为火箭发射与莱特兄弟的飞机首次飞行一样地重要，戈达德的试验向人们证明了火箭可以飞出地球大气层飞向太空。

更加先进的火箭

戈达德于1929年又发射了一枚较大的火箭，这枚火箭比第一枚飞得又快又高，更重要的是它已经有了突飞猛进的进步了，这枚火箭上已经带有一只气压计、一只温度计和一架用来拍摄飞行全过程的照相机，这枚火箭很自然地成为世界上第一枚载有仪器的火箭，已经相当惹人注目了。不久之后的

战争中的检测

20世纪30年代，戈达德在新墨西哥罗斯韦尔一家科研中心多次试飞火箭。在这里他试飞第一枚用电力控制的火箭，当时控制点离发射点已经有300米远了。他还试飞了第一枚用陀螺仪控制地火箭，陀螺仪的运用是火箭能够更加精确地瞄准目标。虽然戈达德所有的科研工作都是在美国完成的，但他的研究成果早已闻名于世。很多科学家已经开始运用戈达德的成果来进行进一步的科学实验了。

有了戈达德研究成果，人们的探索势必少走了不少弯路。例如，德国科学家就是利

兵器简史

火箭的动力装置是发动机及其推进剂供应系统的统称，是火箭赖以高速飞行的动力源。发动机按其性质可分为化学火箭发动机、核火箭发动机、电火箭发动机等。当前广泛使用的是化学火箭发动机，它是靠化学推进剂在燃烧室内进行化学反应释放出的能量转化为推力的。

戈达德在克拉克大学时，就开始发展多级火箭的设想，所谓的多级火箭，其实就是不止一个发动机的火箭，这种火箭有好几级组成，并且每一级里都装有一个发动机，这样众多的发动机就可以在特定时段内贡献自己的力量，从而将火箭推得更高一些。

兵器解密

🎧 1935 年 9 月 23 日，罗伯特·戈达德在新墨西哥州罗斯韦尔发射塔的图片。

用戈达德的设计思想打造出了用于第二次世界大战的火箭。在第二次世界大战期间，戈达德曾帮助美国海军开发了一些火箭发动机和发射喷气式飞机的方法。另外，他还研制出了打坦克的火箭筒，其实这是他在第一次世界大战末就曾做过的科研项目。第二次世界大战将火箭用到实际作战之中，这也为戈达德检测和完善自己的发明提供了一个良好的平台。

留得生后名

戈达德一生共获得了 214 项专利，其中 83 项专利在他生前获得。为了纪念这位伟大的发明家，设立于 1959 年的美国国家航空航天局戈达德太空飞行中心就是以他的名字命名，月球上的戈达德环形山也以他的名字命名，这些殊荣来自于他一生不断的探索和实验。

戈达德的一生是坎坷而英勇的一生，他所留下的报告、文章和大量笔记是一笔巨大的财富。对于他的工作，人们有很高的评价，冯·布劳恩曾这样评价过："在火箭发展史上，戈达德博士是无所匹敌的，在液体火箭的设计、建造和发射上，他走在了每一个人的前面，而正是液体火箭铺平了探索空间的道路。当戈达德在完成他那些最伟大的工作的时候，我们这些火箭和空间事业上的后来者，才仅仅开始蹒跚学步。"

但生前的戈达德却是孤独而不被人理解的。勇敢的戈达德毫不气馁，在理论和实践上做了很多工作，向怀疑他的设想的人们表明未来的整个航天事业都将建基于火箭技术之上，他也因此而当之无愧地被称为"现代火箭之父"，逝世后为自己赢得耀眼的光芒。

🎧 以戈达德名字发行的美国的航空邮票

冯·布劳恩的贡献 >>>

冯·布劳恩是德国著名工程师，在火箭技术和太空探测等方面都取得了光辉的成就。在他和助手们的研究下，德国拥有了当时最为先进的武器之一。第二次世界大战德国战败后，冯·布劳恩作为战俘开始效力于美国，从此之后，美国航天飞机的研制开始从他手中发端，取得了越来越辉煌的成就。

⬆ 火箭专家——冯·布劳恩

爱冒险的少年

1912年3月23日，韦纳·冯·布劳恩出生于德国维尔西茨的一个贵族家庭，后随全家移居柏林。冯·布劳恩的母亲是一位出色的业余天文学爱好者，她在冯·布劳恩的成长过程中起了关键性的作用，她总是循循善诱地培养儿子的好奇心，而她送给儿子的一架望远镜激发了儿子对宇宙空间的兴趣，成了一个大科学家成长历程的开端。

学生时代的冯·布劳恩就表现出与众不同的探险精神。13岁时，他在柏林豪华的使馆区进行了他的第一次火箭实验，也因此被警察抓住，但这并未影响年轻的冯·布劳恩对火箭发射的兴趣。

勤奋刻苦的学生时代

冯·布劳恩的好奇心，使他不断地实验自制的火箭。

有一天，冯·布劳恩读到一本名为《通向星际空间之路》的书，正是这本书，使他毫不犹豫地选定了自己的终身事业：为人类征服宇宙空间贡献一切力量。也正是这个远大的理想，使顽皮的冯·布劳恩开始专心刻苦地学习数学、物理等一切有助于达到目标的功课。后来，他考入了夏洛滕堡工学院，再后来，冯·布劳恩转入柏林大学继续学习，同时在那里建立起了自己的实验小组。

1934年，冯·布劳恩毕业了，他写的毕业论文论述了液体推进剂火箭发动机理论和实验的各个方面，被柏林大学评为毕业论文中的最高等级——特优。这虽然只是一篇毕业论文，但它对航天事业的发展意义重大。就这样，冯·布劳恩为自己的学生时代画上了一个闪光的句号，并开始迎接崭新的工作历程。

德国的日子

飞向宇宙是冯·布劳恩毕生的愿望，他为之所做的第一步努力就是研制大功率的液体推进剂 V-2 型火箭。这是一项非常巨大的工程，许多问题随之而来，众多的问题堆积的如同小山，冯·布劳恩以其对科学的极大热情，领导他的工作组将这些难题一一攻克，最终使 V-2 成为现实。

希特勒曾对火箭技术产生了浓厚的兴趣。在1939年希特勒参观发射试验台的时候，冯·布劳恩被指定给元首讲述火箭的技术原理。但令冯·布劳恩感到不愉快的是，他很快发现希特勒对他的介绍几乎是一耳进一耳出，只有提及 V-2 可能具有的军事用途时，元首的眼睛才闪闪发亮，这令冯·布劳恩感到有些不安。

事实证明，冯·布劳恩的忧虑是正确的。V-2 的巨大威力的确被希特勒一眼相中了，在第二次世界大战中也确实给德国立下了赫赫战功，而其他国家却因此付出了沉重的代价。战争、死亡并不是科学家们所希望看到的，1944年3月，冯·布劳恩被抓进了监狱，逮捕原因是他和他的同事们一起声明，他们从来没有打算把火箭发展成为战争武器。他们在政府压力之下从事的全部研制工作，目的只是为了赚钱去做他们的实验，证实他们的理论。他们的目的始终是宇

🔊 冯·布劳恩正站在由自己主持设计的 F-1 发动机的前面

宙旅行。这在当时的国际形势下无异于叛国罪，有可能是要被枪毙的。所幸的是，由于朋友们的多方营救和叛国罪名理由不充分，冯·布劳恩被释放了。

初到美国

第二次世界大战以其不可逆转的局势向前推进着。美国在意识到 V-2 破坏性的同时，也深知它的价值，所以他们将冯·布劳恩的名字列入战后所需搜罗的科学家名单之中。当冯·布劳恩到达美军营地的时候，美国士兵不敢相信这个年轻人就是让人心有余悸的著名 V-2 型火箭的主要发明者，甚至一个美国步兵说："我们如果不是抓到了第三帝国最伟大的科学家，就一定是抓到了个最大的骗子。"

这个伟大的科学家到达美国后，以他的卓越才智和工作热情，为美国、为人类的航天事业做出了不可磨灭的贡献。战后的和

平,可以使布劳恩大胆地憧憬他理想中的星际空间旅行了。

他根据自己的研究成果和对宇宙的向往,与人合作出版了一本科幻小说《火星计划》,这引起了极大的轰动。当许多人认为冯·布劳恩所提出的人造卫星、航天站、月球飞船等建议是遥不可及的时候,其实他已经为自己的美好愿望工作很久了,期待即将成为可能。

重要转折点

冯·布劳恩的一生取得了很多成就,在他所取得的一系列成就中,由他命名的"探险者"1号卫星的发射成功可以说是一个重要的里程碑。

1958年1月31日,美国发射了第一颗卫星"探险者"1号,是冯·布劳恩领导研制的火箭将它安全地送入到预定轨道的。整个发射过程持续了8分钟,坐在五角大楼指挥中心的布劳恩觉得这8分钟的等待比8年还要漫长,发射终于成功了。理所当然许多荣誉接踵而来,《时代》杂志编辑拼命地赶写一篇关于冯·布劳恩的详尽报道,白宫里也举行了盛大的庆祝仪式。在这个仪式上,艾森豪威尔总统向布劳恩颁发了美国公司服务奖。

隐藏在巨大成功之后的是平日里的辛勤汗水,以及以后工作中的更加努力,因为这一切都是在为人生中的下一个丰收做着积极的准备。

"土星"5号的辉煌

美国建立国家航空航天局后,冯·布劳恩被任命为该局亨茨维尔中心的主任。他常被要求出席国会听证会,回答议员们提出的各类问题,从而协助议会讨论决定美国航天事业的发展方向。议员们都非常喜欢冯·布劳恩无与伦比的学识、智慧和魅力。

冯·布劳恩主持研制的"土星"5号火箭是准备将美国人送上月球的运载工具,这是一个庞然大物,整个系统及地面辅助设备零件共有900万个之多。这些部件都必须精确地工作配合,经过4次点火才将飞船送上了月球,然后还要返回地球,进行回收利用。

"土星"5号应是"完美"的代名词,因为它不仅成功地将载着阿姆斯特朗的"阿波罗"11号送上月球,而且以后还执行了多次重大任务,每次的运载性能都几乎毫无瑕疵。这简直可以说是奇迹。这是冯·布劳

🚀 运载着"阿波罗"4号宇宙飞船的"土星"5号火箭正在发射台准备发射

1950 年朝鲜战争爆发后，冯·布劳恩和他的助手们被美国秘密转移到阿拉巴马州的亨茨维尔，在此度过了漫长的 20 年岁月。在 1950—1956 年间，冯·布劳恩和同伴们在此成功地研制出红石导弹。这在美国历史上也有重要意义，它成为美军第一代核弹的洲际导弹载具。

兵器解密

兵器简史

1960 年 7 月 29 日"水星"计划第一次试验，这是一次惊心动魄的试验，起飞 60 秒钟后，火箭渐渐地沿着巨大的弧线轨迹飞向天际。突然，一声巨响，火箭一下子粉身碎骨。事故发生，后另外两枚用于试验的火箭，一枚自行爆炸，一枚不得已由地面遥控引爆。

恩及其领导的科学家们用他们的杰出才智创造的奇迹。

历尽曲折的水星计划

冯·布劳恩计划设计出一架能够乘坐一名宇航员的"水星"号飞船，并把飞船送入轨道，检验宇航员在空间的活动能力，最后像飞机一样把宇航员安全地载回地球。这一设想得到了美国宇航局的同意，并命名为水星计划。但是，水星计划并没有想象中那么简单，出师就不利。

但是，冯·布劳恩和他的同事们并未因此而泄气，他们认真地总结试验失败的教训，很快又研制出"水星－红石"1A 号火箭。这次试验终于获得了成功。水星计划的大幕终于拉开了。就在"水星"号发射和回收取得成功的同时，经过特殊训练的大猩猩哈姆登上了"水星－红石"2 号火箭飞上了蓝天。

这次发射成功之后，美国宇航局和冯·布劳恩等专家决定立即进行载人的航天飞行试验。1961 年 5 月 5 日，艾伦·谢泼德身着臃肿的宇航服，在亿万双目光的关注中钻进了"水星"飞船系列的"自由"7 号，成为美国第一位进入太空飞行的宇航员。严格地说，这次飞行只是上升与下降，并未进入卫星轨道。

不久水星计划最高潮的一幕就要来临了，1962 年 2 月 20 日，"水星－大力神"火箭总算狂吼着冲向了太空，准确地将"友谊"7 号飞船送入了绕地球飞行的轨道。虽然在执行这次任务时也发生了一些意外，但是总算有惊无险，轨道飞行绕地球 3 圈，历时 4 小时 55 分 23 秒。至此，水星计划画上了一个完美的句号。

🚀 喷气推进实验室的主任威廉皮克林、科学家詹姆斯·范艾伦和火箭先驱冯·布劳恩正在举行一场关于火箭的会议。

早期导弹 >>>

导弹的起源与火药和火箭的发明发展有着密切的关系。20世纪30年代，随着电子、高温材料及火箭推进剂技术的发展，火箭武器也被注入了新的活力，也就在这一时期德国开始火箭、导弹技术的研究，并建立了较大规模的生产基地，成为早期导弹的发祥地。到第二次世界大战时，早期导弹已经运用到战场上，成为当时非常先进的武器。

曲折的发展史

1927年，以奥地利数学家赫尔曼·奥伯特为首的一批德国科学家与工程师成立了民间的德国宇宙航行协会，这是全世界第一个航天科技研究协会。1929年，奥伯特与他的助手们开始研发液态火箭推进器。1932年后，德国陆军开始想到了液态燃料火箭作为长程攻击武器的可能性，并派遣对火箭研发有兴趣的瓦尔德·多恩伯格上尉负责筹划相关事宜，多恩伯格招募了当时为经济状况烦恼的冯·布劳恩为首的火箭研究小组进入德国陆军兵器局，开始进行液态火箭推进器的试验；同年，德军在柏林南郊的库斯麦多夫靶场建立了火箭试验场。

从1933年—1941年的8年期间，多恩伯格与冯·布劳恩的研发团队不断进行火箭研发，第一代的A-1重150千克，直径0.3米，长1.4米，采用酒精与液态氧推进剂，由于设计不合理，因此A-1火箭试验失败。1934年12月19日及20日，布劳恩的研究

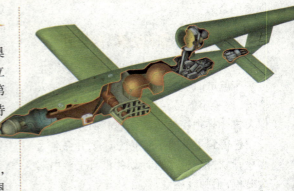

⬆ V-1导弹的内部结构

团队成功发射两枚重500千克，安装陀螺仪并以液态氧及乙醇为动力来源的A-2火箭，发射地点位于德荷边界的柏克姆岛，此次测试两枚火箭以2.2千米及3.5千米的射程掉落北海，A-2火箭开发方案到1936年结束。由于A-2火箭得到了满意的成果，于是德军更近一步着手研究第二代的A-3与A-4火箭开发计划，其中A-4火箭的预定目标为射程175千米、最大射高80千米、运载量1吨的大型火箭。除了液态火箭以外，德国空军也在此地开始研发FI-103无

↑ 1944 年，伦敦遭到了 V-1 导弹的袭击。这是一座被导弹炸毁的剧院。

人驾驶飞行器的研究工作，即后来的 V-1 导弹。

V-1导弹

德国的 V-1 导弹被大量用于攻击英国东南部目标和欧洲大陆的各种目标，英国称之为"有翼飞弹"或"飞机飞弹"。这种飞弹长 7.90 米，采用中单翼，装有一台简单的脉冲喷气发动机，它采用斜轨发射，装有一个预定制导装置，由此装置引导飞弹大致按指定的方向飞行。发射重量共约 2180 千克，其中 850 千克为阿马托高能炸药。飞弹弹体上安装的一种很简单的烟筒状的东西

◀兵器简史▶

V-2 是德国陆军在第二次世界大战中生产的第一种弹道导弹，这种导弹采取的是液体火箭发动机，最大飞行速度达到了每秒 1.7 千米，射程能达到 320 千米。V-2 导弹是弹道导弹，没有飞行翼，它的设计原理出自远射程火炮，是陆军发明的。

是一台阿格斯推力装置。1944 年 6 月 13 日 3 时 50 分，在法国北部的埃斯丹附近，德军的第 155 高炮团准备发射第一枚 "飞行炸弹"——V-1 巡航导弹。距发射约 6 分钟后，导弹达到了预设的 900 米的巡航高度。之后不久，在 3 时 57 分，它穿过了伊塔普雷斯附近的法国海岸，向英国飞去。不久以后，这枚导弹坠毁在达特福德附近的一片开阔地里，它的 848 千克重的高爆炸药战斗部被引爆了，爆炸产生了巨大的弹坑，并点燃了弹坑周围大面积的区域，幸运的是没有造成人员的伤亡。弹坑在导弹的目标 "塔桥" 东面 24 千米处，可以说是严重偏离了目标。德军一共向英国发射了 1 万枚左右的 V-1 导弹。对英国方面来说，V-1 导弹造成了很大的人员伤亡，导弹一共使 6184 人丧生，平均每发射 5 枚导弹就有 3 人丧生，受重伤的人员则达到 17981 人。

V-2导弹

V-2 工程开始于 1940 年。第二次世界大战期间，正是德国的 V-2 火箭给英国带来巨大灾难，当时又叫 "飞弹"。V-2 工程起始于 A 系列火箭研究，由冯·布劳恩主持，是 1936 年后在佩内明德新建火箭研究

⤵ V-1 导弹

V-2 火箭

器的先驱。V-2 长约 14 米，发射全重 13 吨，能把 1 吨重的弹头送到 322 千米以外的距离。V-2 工程的目标是扩大容积和承载重量，以容纳自控、导航系统和战斗部。1942 年 10 月 3 日，V-2 试验成功，年底定型投产。从投产到德国战败，前德国共制造了 6000 枚 V-2，其中 4300 枚用于袭击英国和荷兰。 除了向伦敦发射外，在盟军 9 月 4 日占领安特卫普港后，纳粹向安特卫普进行了大规模导弹攻击。虽然 V-2 在当时已经非常先进了，但这一切并没有扭转整个战争的局面，正义的力量还是胜利了。1945 年德国投降前夕，苏联和美国分别缴获了大量 V-2 的成品和部件，并俘虏了一些火箭专家，以此为起点，开始了自己的火箭和空间的计划。

中心的重点项目。A 系列火箭经过许多新的改进，性能大大提高，是世界上第一种实用的弹道导弹。"V"来源于德文 Vergeltung，意即报复手段，这是纳粹在遭到盟国集中轰炸后表示要进行报复的意思。V-1 和 V-2 表示这两种型号仅仅是整个系列的恐怖武

战后的导弹联想

导弹自第二次世界大战问世以来，受到各国普遍重视，得到很快发展。导弹的使用使战争的突然性和破坏性增大、规模和范围扩大、进程加快，从而改变了过去常规战争

V-2 火箭发射升空

A-3火箭的射程距离仍旧未达预期目标，于是A-4火箭设计方案开始提出并接受试验。在1937年得到了德国陆军的支持，A-5火箭则是A-3火箭的改良版，A-4火箭在吸取A-5火箭的研发经验与资料后，在1942年正式研发成功，随即生产制造，正式命名V-2火箭。

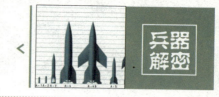

的时空观念，给现代战争的战略战术带来巨大而深远的影响。导弹技术是现代科学技术的高度集成，它的发展既依赖于科学与工业技术的进步，同时又推动科学技术的发展，因而导弹技术水平成为衡量一个国家军事实力的重要标志之一。第二次世界大战后到20世纪50年代初，导弹处于早期发展阶段。各国从德国的V-1、V-2导弹在第二次世界大战的作战使用中意识到导弹对未来战争的作用。美国、苏联、瑞士、瑞典等国在战后不久，恢复了自己在第二次世界大战期间已经进行的导弹理论研究与试验活动。英、法两国也分别于1948和1949年重新开始导弹的研究工作。从20世纪50年代初起，导弹得到了大规模的发展，出现了一大批中远程液体弹道导弹及多种战术导弹，并相继装备了部队。1953年，美国在朝鲜战场已经开始使用电视遥控导弹，但这时期的导弹命中精度低、结构质量大、可靠性差、造价也比较昂贵。

⬆ V-2导弹的排气部位

V-2 的演变

20世纪40年代后期，美国和苏联分别用德国的器材装配了一批 V-2 导弹做试验，并着手提高它的射程和制导精度。到20世纪50年代出现了一批中程和远程液体导弹，这批导弹的特点是采用了大推力发动机，多级火箭，使射程增加到几千千米，核战斗部的威力达到几百万甚至上千万吨梯恩梯(TNT)当量，已成为一种极具威慑力的武器。但由于氧化剂仍是液氧，制导系统的精度还不是很高，导弹还是在地面发射的，而地面设备复杂、发射准备时间长、生存能力不高，所以这批导弹仅仅是被研制出来，还不是有效的作战武器，也没有投入到实际使用。直到20世纪60年代改用了可贮存的自燃液体推进剂或固体推进剂，制导系统使用了较高精度的惯性器件，发射方式改为地下井发射或潜艇发射，才有了实际效果。这些变动简化了武器系统，缩短了反应时间，提高了生存能力，使导弹成为可用于实战的武器；这也使科学家积累了丰富的经验，为探索星际空间做了重要的准备。

兵器知识 > 美国航天飞机的主发动机使用液氢液氧
火箭发动机比起其他的发动机噪音大

火箭发动机 》》》

火箭发动机是喷气发动机的一种,将推进剂箱或运载工具内的反应物料(推进剂)变成高速射流,由于牛顿第三定律而产生了推力。火箭发动机可用于航天器推进,也可用于导弹等地面应用。发动机在火箭的整个组成部分之中占据着非常重要的作用,发动机的强大决定了火箭的速度和高度,是衡量火箭技术的重要指标。

分　类

能源在火箭发动机内转化为工作介质的动能,形成高速射流排出而产生动力。火箭发动机依形成气流动能的能源种类分为化学火箭发动机、核火箭发动机和电火箭发动机。化学火箭发动机是目前技术最成熟、应用最广泛的发动机。核火箭的原理样机已经研制成功。电火箭已经在空间推进领域有所应用。后两类发动机比冲(也叫比推力,是发动机推力与每秒消耗推进剂重量的比值,单位为秒)远高于化学火箭。

固体火箭发动机

固体火箭发动机与液体火箭发动机相比较,具有结构简单、推进剂密度大、推进剂可以储存和操纵方便可靠等优点。缺点是"比冲"小。固体火箭发动机比冲在250—300秒,工作时间短,加速度大导致推力不易控制,重复启动困难,从而不利于载人飞行。固体火箭发动机主要用作火箭弹、导弹和探空火箭的发动机以及航天器发射和飞机起飞的助推发动机。固体火箭发动机主要由壳体、固体推进剂、喷管组件、点火装置等四部分组成,其中固体推进剂配方及成型工艺、喷管设计及采用材料与制造工艺、壳体材料及制造工艺是最为关键的环节,直接影响固体发动机的性能。

⬆ 发射升空的导弹

目前世界上推力最大的火箭发动机，由美国研制成功。这种发动机的动力十分强大，仅单台的推力就高达1200吨，并且可以重复使用10次，主要用于美国航天飞机捆绑助推器，其改进型用于战神1号火箭主动机和战神5号火箭捆绑助推器。

兵器解密

液体火箭发动机

液体火箭发动机是指液体推进剂的化学火箭发动机。常用的液体氧化剂有液态氧、四氧化二氮等，燃烧剂由液氢、偏二甲肼、煤油等。氧化剂和燃烧剂必须储存在不同的储箱中。液体火箭发动机一般由推力室、推进剂供应系统、发动机控制系统组成。液体火箭发动机的优点是比冲高（250—500秒）、推力范围大、能反复启动、能控制推力大小、工作时间较长等。液体火箭发动机主要用作航天器发射、姿态修正与控制、轨道转移等。液体燃料比冲最高的燃料组合是液氢液氧组合，不过由于液氢的昂贵，早期主要是在火箭的上面级（第一级以上称上面级）使用液氢燃料，随着技术的进步，现代的新一代火箭普遍第一级也采用液氢燃料。

点火方式

点火可以采取多种途径：火工装药、等离子体焰矩、电火花塞。一些燃料和氧化剂相遇燃烧，而对于非自燃燃料，可以在燃料

↑ 火箭发动机

管口填充自燃物质（俄罗斯发动机常用）。对液体和固液混合火箭来说，推进剂进入燃烧室都必须立刻点火。液体推进剂进入燃烧室后点火延迟毫秒级时间，都会导致过量的液体进入，点燃后产生的高温气体会超过燃烧室设计最大压力，从而引起灾难性后果，这叫做"硬启动"。气体推进剂不会出现硬启动，因为喷注口总面积小于喷管口面积，点火前即使燃烧室充满气体也不会形成高压。固体推进剂通常使用一次性火工设备点燃。点火以后，燃烧室可以维持燃烧，点火器不再需要。发动机停机几秒钟后，燃烧室可以自动重点火。然而一旦燃烧室冷却，许多发动机都不能再点火。

> 导弹也可按制导方式分类
> 潜潜导弹又被称为潜射反潜导弹

现代导弹分类 >>>

导弹的分类很复杂,有多种分类方式,对于不了解的人来说,很容易弄得眼花缭乱。同一种导弹有可能由于分类标准不一样而被归入好几种类别之中。比如有人问空地导弹和反辐射导弹是什么关系,其实它们仅仅是由于分类标准混乱而引起错误,由此可见了解导弹的分类很有必要。

常见分类标准

导弹最常用的分类方式是按发射点和目标位置来分。这种位置一般分为地面、水面(舰)、水下(潜)、空中四大类。例如从水下潜艇发射攻击水下潜艇的潜潜弹、从潜艇发射攻击飞机的潜空导弹、从飞机发射攻击卫星的反卫星导弹等。按照这种方式分类,导弹本来应该有16种,但实际上并非这样。由于生活习惯、民族等各方面的影响,即使这种常见的分类标准也出现了不统一。例如,西方国家一般把地面和水面、水下统称为面,所以他们的导弹一般被分为面面导弹(SSM)、面空导弹(SAM)、空面导弹(ASM)、空空导弹(AAM)这四种。

按性能分

除了常见的一些分类标准,导弹还可以按导弹的某些性能分类。比如按射程分,有远程导弹、中程导弹、近程导弹,甚至洲际导弹。对于不同种类的目标,中、远、近的界限也不同,甚至是不同国家的中、远、近也各不同,防空导弹有一个射高的性能,因此就产生了低空导弹、中空导弹、高空导弹之分。对于反舰导弹,速度也是个非常关键的性能,分类时不得不将速度考虑进去,因此产生了亚音速反舰导弹和超音速反舰导弹之分。对于某些导弹,重量也是很重要

一个 R-36 弹道导弹在前苏联发射升空

某些文章中一般只是简单地说弹道导弹、战术弹道导弹、巡航导弹，这实际上是指战略弹道导弹、战术弹道导弹和战略巡航导弹。现在，战略和战术的界限逐渐模糊，而且有的导弹既可以用于战略用途，又可以用于战术用途。

美国和平卫士核子洲际导弹

的，因此有了轻型导弹、中型导弹、重型导弹、便携式导弹之分。

未来趋势

随着科学技术以及应用领域的发展，导弹的分类标准也一直在不断变化。比如，随着隐身技术的发展和应用，以后的导弹也许要分为隐身导弹、准隐身导弹、非隐身导弹等；随着城市作战的发展，反坦克导弹也许在某一天会变种出一种反建筑导弹；随着动力装置的进步，导弹也许能在很大的射程范围内使用，使近程导弹、中程导弹、远程导弹的区别逐渐淡化甚至消失。所以，对于导

弹的分类，我们只需要掌握了它基本分类方法和概念就可以了。

重点突出法

导弹的分类太复杂了，具体到某种导弹该怎么称呼呢？比如说美国的"海尔法"，按作战使用分，它是战术导弹；按飞行方式分，它是巡航导弹；按攻击目标种类分，它是反坦克导弹；按发射点和目标位置分，它既能空中发射又能地面发射，只能算是对地导弹；按制导方式分，它是激光半主动寻的制导导弹；按射程分属于远程导弹；按重量分属于重型导弹。要是全说上，那岂不是闹出笑话来。其实具体到某一个导弹的称呼，一般只要突出其最主要特点，再结合对比区分开就行了。还以"海尔法"为例，当把它与"响尾蛇"对比时，只要说前者是反坦克导弹，后者是防空导弹就行了；当把它与"龙"式导弹对比时，把"海尔法"称为重型远程激光制导导弹，把"龙"式称为轻型近程有线制导导弹，就能够明确地表明它们之间的区别。

兵器简史

地面发射、攻击地面目标的导弹发展历史最长、种类最多，在分类上发生了很大变化。我们现在所说的地地导弹，一般都是指地面发射、攻击地面固定目标的弹道导弹。至于地面发射、攻击地面活动目标的导弹，已不称地地导弹，多数按照其目标种类来分，如反辐射导弹。

兵器知识

> 最新巡航导弹雷达上只有一个目标光点
水面舰艇一般每舰可携8—32枚导弹

现代导弹特点 >>>

随着人们认识水平的不断提高，以及国际形式的巨大变化，导弹作为最为先进的武器之一，也表现出了与以往时代所不同的新的发展趋势。围绕着这些新变化，各国都倾尽所能研制出了各种各样与时俱进的新式导弹。纵观这些导弹它们虽然类别不同，功能各异，但也呈现出某些共性的东西，我们将这些共性归结为现代导弹的特点。

总体特点

第五代导弹是20世纪70年代末期以后发展的，主要型号有：美国的"侏儒"，苏联的SS−24、SS−25、SS−X−26和SS−X−27等。这一代导弹的突出特点是导弹向小型化、机动化、高突防、高精度方向发展，进一步提高了生存能力和打击硬目标的能力。

在技术性能方面，导弹的最大起飞重量已经大幅度的降低，像"侏儒"导弹只有16.8吨；最大射程也创历史最高记录，达13000千米（SS−24）；圆概率误差CEP降至120米；分导弹头数量依然在追求更多的发展目标；发射方式也更加多样化，例如，由原来的地下井转变为公路机动和地下井及铁路机动发射。

巡航导弹有哪些特点

巡航导弹的特点总共可以概括为三点：

首先，它的体积小，重量轻，便于各种平台携载。海军攻击型核潜艇可垂直携载12枚，并可抵近敌沿海发射，因而可打击其纵深1300—2500千米的重要军政目标。

其次，它的射程远，飞行高度低，攻击的突然性大。导弹采取有效隐身措施后，其雷达反射面积仅为0.02—0.1平

战斧巡航导弹

兵器解密

现代空袭的主要特点一是突发性强，远程导弹半小时能打到1万千米以外的目标；二是打击准确，长"眼睛"导弹能自动寻找目标，使用激光、红外线等制导的导弹能精确打击到半径1米的目标；三是破坏性大，能使高大建筑顷刻间化为灰烬。

🔊 苏联 SS-N-2 冥河反舰导弹

方米，相当于一只小海鸥的反射能力。

第三，它的命中精度高，摧毁能力强。射程2500—3000千米的巡航导弹命中误差不大于60米，精度好的可达10—30米，基本具有打点状硬目标的能力。携常规弹头的巡航导弹可摧毁坚固的地面目标，也能用子母弹杀伤和摧毁面状目标。携20万TNT当量核弹头的巡航导弹由于命中精度高，一般比弹道导弹的作战效能高3—4倍。

反舰导弹的主要特点

第一代反舰导弹的主要特点是战斗部

装药量大，穿甲能力强，但飞行弹道高、体积大、抗干扰能力差、反应时间长，不太适宜攻击小型舰艇，且只能用于岸、舰发射。

第二代反舰导弹的特点是体积小，可掠海飞行，反应时间短，能用飞机、舰艇、潜艇发射，但射程较近，一般都不到100千米，抗干扰能力也较差。第三代反舰导弹的特点是反应时间短，射程增大到500千米以上，一般也能够进行中距攻击；除了多种平台均可发射，还能在水面舰艇和潜艇上垂直发射；并且还能够进行重复攻击，抗干扰能力也普遍增强。

战术地地导弹主要特点

由于近些年来常规性局部战争时有发生，而且在许多战争中都使用了常规战术导弹，特别是在两伊战争和海湾战争中，常规战术导弹的使用对战争起到了不可估量的作用。因此，近些年来各国都把研制常规性战术导弹作为未来武器发展的重要项目来抓。

增大射程、提高导弹打击纵深目标的能力是近些年来发展战术导弹的又一特点。增大地地战术导弹的射程，不但可保证导弹压制和摧毁野战火炮射程以外的重要目标，同时在战略上还具有无法估量的威慑作用。

> 弹道内部弹道和外部弹道两种
> 导弹大部分弹道处于稀薄大气层内

导弹弹道 >>>

导弹是现代武器,它沿着一条弹道飞行,攻击地面固定目标。目前已经形成了一门专门研究导弹弹道的学科,即导弹弹道学。研究导弹运动状态以及形成的弹道,对我们来说是非常有意义的。它可以帮助我们研究出最佳的导弹飞行特性与设计参数,合理选择导弹的设计参数,选择最佳飞行路线,以保证导弹能量的最佳运用。

弹道的分类

根据导弹弹道形成的特点,一般可以把弹道分为三类:第一类是弹道导弹弹道,亦称自主弹道。这类弹道在导弹发射前是预先规定的,适用于攻击固定目标,导弹发射后一般不能随意改变,只能沿预定曲线飞向目标。第二类是有翼导弹弹道,亦称导引弹道。这类弹道是一种随机弹道,在导弹发射前不能预先规定,须视目标的活动情况而定,一般适用于攻击活动目标。大部分有翼导弹,如地空导弹、空空导弹等的弹道属于这一类。第三类是巡航导弹弹道,亦称复合弹道。这类弹道一般分为两部分,一部分是按预先规定的程序飞行,另一部分须根据目标特性实时确定。这类弹道既适用于攻击固定目标,又适用于攻击活动目标,陆基、舰载、机载巡航导弹等就属于这一类。

反舰导弹的弹道

反舰导弹的弹道一般都比较低,像苏联"冥河"导弹的弹道算是高的,达150—300米,体积又大,极易被发现和击毁。"飞鱼"导弹首次将飞行弹道降到10—15米(巡航),在接近目标时的飞行高度只有2—3米。由于地球曲率的影响,一般驱逐舰和护卫舰在海上的雷达视距也就是二十多千米,再加上雷达搜索盲区较大,

🔊 导弹大部分弹道处于稀薄大气层或外大气层内。因此,它采用火箭发动机,自身携带氧化剂和燃烧剂,不依赖大气层中的氧气助燃。

弹道导弹的整个弹道分为主动段和被动段弹道。前者是导弹在火箭发动机推力和制导系统作用下，从发射点到火箭发动机关机时的飞行轨迹；后者是导弹从火箭发动机关机点到弹头爆炸点，按照在主动段终点获得的速度和弹道倾角作惯性飞行的轨迹。

兵器解密

"飞鱼"巡航弹道10—15米已经在其舰载雷达盲区之内了，更不用说掠海2—3米了。"飞鱼"弹体本来就很小，再加上海浪对雷达波束反射产生的杂波，所以舰载雷达很难发现它。

⬆ 弹道导弹发射图

飞行弹道

导弹在火箭发动机的推动下，穿越厚达100—200千米稠密的大气层之后，进入到一个几乎没有空气的真空世界中。这样，导弹弹头便可依仗最后一级发动机赋予它的最后推力和动能，靠惯性继续向上爬升。由于地心吸引力的作用，使弹头逐渐减速，导弹初速和初始动能消耗完之后，弹头不得不在地心吸引力的作用下按抛物线下降弹道下滑，这就是所谓的重返大气层飞行，也称再入段飞行，一般选在距地面80千米左右。由于越接近地球地心吸引力越大，所以弹头再入大气层后下降速度越来越快，远程导弹可达7米/每秒。再入大气层后的弹头可以利用惯性、星光或雷达进行制导，最终精确命中目标。至此，一个按照抛物线运行的完整的椭圆形导弹飞行弹道即告结束。

弹道曲线

弹头飞行时其重心所经过的路线谓之"弹道曲线"。由于重力作用和空气阻力的影响，使弹道形成不均等的弧形。升弧较长而直伸，降弧则较短而弯曲。膛外弹道学专门研究弹头在空中运动的规律，例如弹头的

重心运动、稳定性等也都会影响到弹道曲线。斜抛射出的炮弹的射程和射高都没有按抛体计算得到的值那么大，当然路线也不会是理想曲线。物体在空气中运动受到的阻力，与物体运动速度的大小有密切关系：物体的速度低于200米/每秒时，可认为阻力与物体速度大小的平方成正比，在速度很大的情况下，阻力与速度大小的高次方成正比。总之，物体运动的速度越小，空气阻力的影响就越小，抛体的运动越接近理想情况。因此，空气的阻力是不能忽视的因素。

◆◆◆兵器简史◆◆◆

弹道导弹能按预定弹道飞行并准确飞向地面固定目标，主要是由制导系统实现的。无线电指令制导是早期弹道导弹采用的制导方式，它易受无线电干扰，地面设备复杂，不能满足现代作战使用要求。因此，自20世纪50年代以来，各国研制的弹道导弹绝大多数采用惯性制导。

兵器知识

> 北极星A-3是三个集束式的多弹头导弹
多弹头导弹可提高突防和摧毁目标能力

多弹头导弹 >>>

我们把装有两个或两个以上子弹头的导弹弹头称为多弹头导弹，这种导弹一般由母弹头舱、子弹头、释放机构和推进、制导等装置组成。和其他"兄弟姐妹"比起来，多弹头导弹的脾气要火爆许多，这要归功它多长出来的几双手，这样一来，这个家族里的"丑小鸭"干起活来势必会利落许多，再多再复杂的问题对它来说都变成了小菜一碟。

⊙ 在第二次世界大战中，B-29轰炸机出尽了风头。

构想的由来

1945年8月6日，美国B-29轰炸机仅向日本广岛上空扔了一颗20000吨梯恩梯当量的原子弹，就摧毁了81%的市区建筑

物，伤亡人数占全市人口的56.9%。由此计算得出：如果1颗100万吨TNT当量的单弹头对城市一类面状目标摧毁能力为1的话，那么，3颗20万吨TNT当量多弹头的摧毁能力就为1.03。也就是说，用3颗20万吨当量的核弹头，虽然比1颗100万吨级的核弹头少40万吨TNT当量，但摧毁效能反而更好一些。这就出现了一个问题：既然如此，为什么不发展多弹头导弹呢？

多弹头导弹之长子

多弹头导弹经过人们的长时间研究，千呼万唤终于孕育出来了，1964—1965年第一代集束式多弹头导弹诞生了，主要型号为美国的"北极星"A-3潜射弹道导弹和苏联的SS-9Ⅳ地地弹道导弹。前者弹头威力为3×20万吨TNT，射程4600千米，后者弹头威力为3×500万吨TNT当量，射程12000千米，命中精度分别为1500米和1000米。所谓集束式多弹头，实际上和我们熟悉的集束式手榴弹、子母炸弹等差不多，不管是子弹头还是母弹头，都没有制导也不能机动，唯

兵器解密

解决子弹头机动的方案有 4 个：通过改变飞行弹道来实施机动，如在弹头装有顶帽、弹尾装有稳定装置或翼面，来调整子弹头的飞行弹道；通过加速滑翔弹头来实施机动；通过在子弹头上加装小发动机来使之加速突防；通过增高再入弹道倾角来缩短大气层中的飞行时间，以增强突防能力。

一的好处就是将单弹化零为整，在不同时间、不同高度向同一目标区投掷一个个子弹头，以期顺利突防，有效地避免遭到对方拦截或干扰，最后给敌方城市等面状目标造成最大损失和毁伤。

分导式多弹头

分导式多弹头是多弹头导弹的第二代产品，1970 年首次用于装备，主要型号为美国的"民兵"ⅢMK12 型地地导弹和"海神"C3 型潜地导弹。前者导弹威力为 3×17 万吨 TNT 当量，射程为 11000 千米；后者导弹威力为 10×5 万吨 TNT 当量，射程为 4600 千米；命中精度分别为 185 米和 560 米。分导弹头数量较多的有美国的"三叉戟"Ⅱ型 D–5 潜地导弹和苏联的 SS–N–20 潜地导弹，前者可装载的弹头数量为 14 个，后者为 12 个，射程分别为 11000 千米和 8300 千米，命中精度分别为 120—210 米和 500—600 米。分导式多弹头和集束式多弹头的主要区别在于母弹头不仅有动力、有制导，而且可以在不同高度以不同弹道向不同目标发射子弹头。

机动式多弹头

虽然第二代分导式多弹头解决了母弹头的机动和制导问题，但是还有一个明显的缺点就是子弹头仍不能机动，也不能制导，只能按惯性弹道飞向目标，这样命中精度和突防能力就相对较差。这样，研究机动式弹头的重点就落在了子弹头的机动和制导问题这两个焦点上。而解决子弹头制导问题，比较可行的方法就是在子弹头上加装末寻的装置，让导弹自己能够发现并准确辨别目标，进而控制弹头进行机动攻击。

"三叉戟"携带 8 枚分导式弹头，可以在 30 分钟内从美国抵达莫斯科，一艘潜艇上携载的 24 枚"三叉戟"导弹可以使 100 万人顷刻间灰飞湮灭。目前，美国的"俄亥俄"级战略核潜艇的"三叉戟"导弹仍然保持着 10 分钟内就可以发射的状态。

> V-2的制导系统是惯性制导系统的雏形
> "战斧"巡航导弹的偏差在100米以内

导弹制导系统 >>>

导引和控制导弹按选定的规律调整飞行路线,并导向目标的全部装置称为导弹制导系统,又称导弹导引和控制系统。导弹制导系统的主要功能是测量、计算导弹实际飞行路线和理论飞行路线的差别,形成制导指令,经过放大和转换,控制导弹的飞行路线,在允许的误差范围内靠近或命中目标。

组成部分

导弹制导系统按功能不同可分为测量装置、计算装置和执行装置。测量装置是用来测量导弹和目标的相对位置或速度的装置。根据目标的不同,测量装置也会有所不同。当攻击活动目标时,通常用雷达或可见光、红外、激光探测器;攻击地面固定目标时,用加速度表、陀螺仪等组成惯性测量装置,也有用电视或光学等测量仪器的。计算装置是将测量装置所测得的导弹和目标的位置及速度,按选定的导引规律加以计算处理,形成制导指令信号。以上两个部分可安装在导弹上,也可安装在地面或其他载体上。执行装置则主要用来放大制导指令信号,并通过伺服机构驱动导弹舵面偏转或调整发动机推力方向,使导弹按制导指令的要求飞行,同时对导弹姿态进行稳定,消除外界干扰对导弹飞行的影响,需要注意的是与测量装置和计算装置不同,执行装置必须安装在导弹上。

自主式制导系统

自主式制导系统是指在制导过程中不需要提供目标的直接信息,也不需要导弹以外的设备配合,能自行操纵导弹飞向目标。它主要用在攻击地面固定目标的导弹上,可采用几种不同的制导方式,但是最主要的则是惯性制导。这一点主要取决于惯性制导

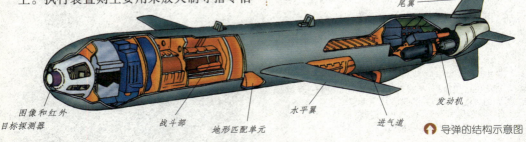

图像和红外目标探测器　　战斗部　　地形匹配单元　　水平翼　　进气道　　发动机　　尾翼

导弹的结构示意图

　　使用弹道导弹攻击地面固定目标时，通常采用程序预定导引法。导弹发射后在主动段按一定程序拐弯，飞出大气层达到一定的速度和规定的弹道倾角时，发动机关机。此后，导弹开始被动段的自由飞行，最后进入大气层而命中目标。

兵器解密

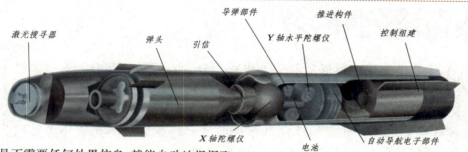

激光搜寻器　弹头　引信　导弹部件　Y轴水平陀螺仪　推进构件　控制组建

X轴陀螺仪　电池　自动导航电子部件

是不需要任何外界信息，就能自动地根据飞行时间、引力场的变化和导弹的初始状态，确定导弹瞬时的运动参数，因而不易受外界干扰。目前，大多数地地弹道导弹，如美国的"大力神"、"民兵"洲际弹道导弹等都采用惯性制导。随着制导技术的发展，还可采用天文或地形地图匹配的方式来配合制导。

寻的制导系统

　　寻的制导系统的测量装置通常都安装在导弹上，看上去很像一个先遣部队，人们形象的称之为导引头。它的特异功能在于能够直接感受目标辐射或反射的无线电、热和光辐射波，并根据测量到的目标和导弹的相对位置、速度等参数，在导弹上形成制导指令，操纵导弹快速准确地飞向目标。寻的制导根据感受到目标信息的来源，可分为主动、半主动和被动式寻的等制导方式。事物不可能呈现出绝对的完美，寻的制导系统的优点是制导精度较高，但它也有明显不足，那就是对距离的要求比较高且不能太远了。

制导精度

　　制导精度是针对制导系统不够完善而造成导弹命中目标误差而产生的度量标准。它是评价导弹制导系统质量的主要指标之一。攻击活动目标的导弹，制导精度主要取决于测量装置的测量精度、计算装置的性能、导弹的机动能力等。当测量装置为雷达时，制导精度常受雷达测量的系统误差和闪烁噪声的影响，距离愈远，误差愈大。20世纪80年代以来，采用红外寻的制导的导弹，其制导误差仅有几米甚至能直接命中目标。唯一美中不足的是制导距离一般较近，且在气候恶劣时不能应用。因此，科学家们也正在努力寻找突破口，希望能够解决这个疑难杂症，高级惯性参考球制导系统是他们正在努力的新课题，希望它可以使弹道导弹的制导精度进一步的提高。

兵器简史

　　导弹制导系统是在综合利用自动控制理论，航空和惯性仪表，雷达、电子计算机、激光、红外等技术的基础上发展起来的。第二次世界大战期间，德国等一些国家经过研究证明了导弹可用雷达波束导引。战后，一些国家在此基础上发展了各种类型的导弹制导系统。

> 试射成功的第一枚洲际导弹是苏联R-7
> 现代洲际导弹都携带着分导式多弹头

洲际导弹 >>>

洲际导弹是战略核武器的重要组成部分,指射程在8000千米以上的导弹。这种导弹的威力强大,常被设想成导致世界末日的核战争中使用的武器。由于各国所处地理位置和作战对象不同,对洲际导弹的射程规定也不一致。洲际弹道导弹通常采用多级液体或固体火箭发动机,可以携带核装药单弹头或多弹头使用。

陆基型飞行方式

一定意义上说,陆基型导弹才是真正的"洲际",因为陆基型导弹可以不考虑体积对周围环境影响的因素。这种导弹发射距离最远,反应时间最快,自我保护能力也最强。所有陆基型导弹都需要一个发射井。

原子弹发明后,洲际弹道导弹都具备了发射核弹的功能。因此,为了自身具有反击能力,发陆基型洲际导弹的发射井井壁很厚且深埋地下,一般都能够在自身遭受核弹攻击后根据预先设定的程序自行启动,实施核反击。因此,陆基型洲际弹道导弹具备二次打击能力,所有的宇航用发射架都适合发射洲际弹道导弹,但洲际弹道导弹的发射井却未必适合用于航天项目。因为作为战争机器,洲际导弹需要的是在最短的时间内发射出舱,并通过大气层外的高速滑翔飞向敌战区。因此,发射的震动很大,且自身体积越小越好,而且宇航用发射井主要用于民用和科学实验,不具备自我保护能力。

洲际导弹的弹头

洲际弹道导弹的弹头一般都是核弹头。洲际弹道导弹问世后,核聚变弹头进一步发展,使弹头进一步小型化,并便于使用多弹头。弹头抗核辐射效应的能力更强,结构上

◖ 美国和平卫士导弹从发射井发射后的场景

美国曾设想用飞机发射洲际导弹，这种方案经试验后感到可行，但需投资大量的资金进行部署，加之飞机高速机动也影响导弹发射时初始方位坐标的测定，进而影响命中精度，所以后来这个计划就被放弃了，至今尚没有从空中发射的洲际导弹。

兵器解密

也得到加固，可以承受地面冲击力，从而导致人们研制出用于摧毁特别坚固目标的钻地弹头。但是弹道导弹的弹头并不一定必需是热核弹头，甚至不一定是核弹头。随着导弹命中精度的提高，弹道导弹也可能携带精确制导和摧毁面状目标的常规弹药。随着技术的进步，现代洲际弹道导弹的打击精度已大为提高，不再需要携带破坏力巨大的弹头即可摧毁预定的目标。

打击精度

打击精度是另一个普遍关心的问题。将打击精度提高一倍意味着摧毁同样的目标，需要弹头的重量（爆炸当量）可以降为原来的1/4。打击精度受到制导系统和掌握的实时地球物理学信息的限制。一些分析人士认为，多数政府支持的定位、导航、测绘系统如GPS等，都具有向洲际弹道导弹提供诸如重力异常等信息的功能，以提高它们的打击精度。除配备空间导航系统外，现代的战略导弹还配有专用的高速集成电路，综合导航系统和装在导弹上的各种传感器得到的数据，以每秒数千到上百万次的速度实时求解导弹的运动微分方程，将结果返回助推器以便修正轨道偏差。导弹运行数据的读取按照发射前默认的时间表进行。

核心部件

从目前洲际弹道导弹发展来看，其主要构成系统包括以下几个核心部件：推进系统、制导系统、后助推飞行器、弹头（亦称战

在20世纪60年代中期的大力神 II 型洲际导弹从地下发射井发射试验

斗部）、再入飞行器、基地设置方式、指挥与控制。一般只有多级推进装置才能使有效载荷达到洲际射程，因此洲际弹道导弹一般采用多级推进装置，推进器有液体燃料推进器和固体燃料推进器，而再入飞行器主要是用于携载弹头飞向预定目标的容器，目前洲际弹道导弹可以携载10个或者更多的再入飞行器，打击分布广泛的目标。

兵器简史

洲际弹道导弹的设计思想最早可以追溯到1930—1940年由德国著名火箭专家布劳恩向纳粹政府提议的A9、A10系列。后来由于德国战败，这些构想未能实现。此后，在著名火箭专家谢尔盖·科罗廖夫的主持下，苏联加快了在"二战"结束前就已经启动的洲际弹道导弹研发计划。

> 1997年ATACMS首次投放BAT子弹药试验成功
> ATACMS导弹系统在海湾战争中首次服役

战术导弹 》》》

战术导弹是指主要用于毁伤战役战术目标的导弹，其射程通常在1000千米以内。战术导弹在战场上不仅要打击敌方战役战术纵深内的核袭击兵器、集结的部队、坦克、飞机、舰船、雷达、指挥所，还要打击机场、港口、铁路枢纽和桥梁等目标，但是它一直都将自己的工作做得井井有条，堪称战争中表现出色的战斗家。

种类划分

根据攻击目标的不同，战术导弹可以分为不同的类别。其中有打击地面目标的地地导弹、空地导弹、舰地导弹、反雷达导弹和反坦克导弹；打击水域目标的岸舰导弹、空舰导弹、舰舰导弹、潜舰导弹和反潜导弹；打击空中目标的地空导弹、舰空导弹和空空导弹等。由于功能和攻击目标的难易程度不同，这些导弹采用的动力装置也不尽相同，有的采用固体火箭发动机，有的采用液体火箭，有的则采用各种喷气发动机。另外，战术导弹根据实际需要设计时弹头也有所不同，主要的弹头有普通的装药弹头、核弹头和化学、生物战剂弹头等。

美国陆军战术导弹系统

美国的陆军战术导弹系统（ATACMS）是20世纪末和21世纪初的重要陆军武器系统，它具有多种终点效应、较高的命中精度、灵活的战场机动性和良好的生存能力，因而也是21世纪北约多国部队以及其他的国家和地区陆军武器的重要装备。ATACMS是一种超音速远程战术导弹系统，可从陆军多管火箭系统中发射，也可以从空军的B-52轰炸机上投掷，还可以从海军的潜艇和舰艇上发射，已研制出多种型号的产品。该项目

战术导弹多属近程导弹。

根据战斗部类型的不同，ATACMS 可分为第一阶段陆军战术导弹（Block I）和第二阶段陆军战术导弹（Block II），且两个阶段的导弹各分为普通型（Block I、BlockII）和增程型（Block IA、Block IIA），增程型的射程为普通型的2倍。Block I 是 ATACMS 最初的产品。

兵器解密

战术导弹的发射场景非常壮观

由美国陆军发起，于 20 世纪 70 年代末期正式提出，20 世纪 90 年代以后才改名为现在的 ATA-CMS。ATACMS 全长 396 厘米，直径为 60.69 厘米，重 1530 千克，最大射程为 124—150 千米，增程型 ATACMS 射程可达到 248—300 千米。

"伊斯坎德尔"导弹

"伊斯坎德尔"导弹是俄罗斯军队装备的最先进的战役战术导弹。从 2005 年起，俄军开始采购并在陆军中装备 "伊斯坎德

尔"导弹。预计到 2015 年，俄军将装备 5 个"伊斯坎德尔"导弹旅。"伊斯坎德尔"导弹重约 4 吨，弹头重 500 千克，射程 280 千米，命中精度极高，圆概率偏差仅 2—3 米。其机动性、准确性和打击力使"伊斯坎德尔"战术导弹系统成为当今世界上同类导弹中最具威力的武器。战场上，"伊斯坎德尔"导弹不需要侦察卫星或航空兵的支援。发射后"伊斯坎德尔"发射装置会在几分钟内伪装起来并迅速撤离，即使敌方测出导弹发射地点，也很难摧毁。

印度战术导弹的发展

自 20 世纪 80 年代以来，印度就十分重视国产导弹的研发。他们认为导弹是印度国土防空系统和对付外来威胁的有力武器。海湾战争后，印度更加认识到导弹在现代战争中的重要地位和作用。明显加快了国产导弹的研制与发展进程，并取得了重大成就。印度自行研制的 SS-150"普里特维"战术导弹已于 1993 年末装备印度陆军，随后 SS-250"普里特维"导弹也于 1994 年开始装备部队。SS-150"普里特维"导弹是一种装有两级液体燃料发动机的弹道导弹，射程为 150 千米，战斗部重 500 千克，经过改进后的 SS-250"普里特维"导弹战斗部重量被减为 250 千克，射程提高到 250 千米。

兵器
知识

> "毒刺"导弹既可肩扛，又可配车使用
"标枪"导弹是第三代单兵导弹的典型

单兵导弹 >>>

单兵便携式导弹简称"单兵导弹"，它是指由单个士兵携带和使用，用于近距离作战的小型或微型导弹。单兵导弹由于它具有造价低廉、使用方便、作战效能高等导弹显著优点，因而受到世界各国的重视。按照用途分，单兵导弹可以分为反坦克导弹、防低空导弹和多用途导弹三大类。

制导方式

单兵便携式导弹的制导方式和其他一些导弹的制导方式比较起来显得简单多了，因为弹体太小，无法装设雷达和微处理机等复杂的制导设备，因此多采用光学、红外和复合制导等几种方式。鼎鼎有名的"毒刺"导弹采用的就是光学瞄准和红外寻的，属于主动式制导方式。这种制导方式的导引头一般都装在导弹最前端，用来探测沿飞机辐射出的高温热源，然后将目标信息传给电子组件，转变为指令制导后，控制伺服系统立刻采取行动，从而按比例导引法飞向目标，最终将目标轻松地搞定。

单兵导弹的发展历史

正式装备各国军队的第一代和第二代单兵导弹，就是1950年末到1970年末研制成功的，典型的第一代单兵防空导弹有美国的"红眼睛"。第一代单兵导弹不论是反坦克导弹还是防空导弹，都存在着操作困难、命中率低、抗干扰能力差、没有敌我识别机构、容易误伤己方飞机和坦克等缺点。到20世纪60年代中期，发达国家先后开始对第一代单兵导弹进行改进，主要是增加了敌我识别装置，改进制导

↑ 英国的"吹管"单兵防空导弹

兵器解密

多数单兵防空导弹和少数新型单兵反坦克导弹在弹体上带有电源,为导弹各系统提供工作用电;早期的单兵反坦克导弹不自带电源,由地面电源提供导弹各系统的工作用电。单兵导弹使用的电源大多是由电池或小型(微型)涡轮发电机提供。

系统,成为第二代单兵导弹。20世纪80年代以后,由于新材料、电子技术的发展,特别是芯片的出现,为提高单兵导弹的威力,实现单兵导弹的小型化、轻量化提供了技术准备,各国开始第三代单兵导弹的研究。

"吹管"单兵防空导弹

"吹管"单兵防空导弹由英国肖特兄弟股份有限公司研制,研制工作始于1966年,1973年正式装备英国军队。该防空导弹以连为建制单位,编入装甲兵的混合炮兵团。每3人组成一个战斗小组,配备吉普车1辆、电台1台和"吹管"单兵防空导弹10枚。小组内人员的分工是射手1名、副射手1名、驾驶员兼无线电通讯员1名,每个小组可以独立作战,主要用于前沿部队的防空,也可用于保护机场、港口、后勤基地和其他重要军事设施。

发展趋势

目前单兵导弹的发展趋势主要表现在以下几个方面:改变制导方式,采用先进的制导系统,进一步增强抗干扰能力。许多研制中的新型单兵导弹,已经可以做到发射后不用管;提高对付新型装甲目标的能力。自1990年反应装甲(或称为主动装甲)在坦克和装甲车上正式使用以后,传统的金属射流对付这种新型装甲目标已无能为力。于是各国开始研制采用串联战斗部和超高速爆炸成型弹药等新型战斗部的单兵导弹;改进推进技术,提高发动机效能,进而提高单兵

SA-7 9K32 "箭 Strela-2" ("стрела-2", 北约命名 SA-7"圣杯 Grail")是前苏联第一代便携式肩射低空域地对空导弹,同级别的还有美军的 FIM-43 "红眼睛"导弹。

导弹的有效射程。虽然多数新一代的单兵导弹的火箭发动机仍然采用固体推进剂,但通过优化发动机的结构、使用高能推进剂和选择合理的添加剂,发动机的效能将进一步提高,性能进一步改善。

兵器简史

美国"红眼睛"防空导弹由美国通用动力公司研制,早在1958年年底就完成了可行性研究,1959年正式开始工程研制,1964年研制成功。同年,通用动力公司便收到了美军的第一批订货合同。1966年开始正式装备美军,是世界上第一个正式装备部队的便携式近程防空导弹武器。

战争中的导弹 >>>

自从第二次世界大战开了在战争中应用导弹的先河，以后的历次战争中，交战双方都总是会想到导弹这个易爆易怒的勇猛"将军"，并将其送往战场。因此，我们总能看见这些经验丰富且拥有十八般武艺的"将军"和它的"得力弟子们"飞奔于世界各地的各个战场，忙得不亦乐乎。

中东战争中的英雄们

1973年第四次中东战争爆发，毫无例外地在这次战争中也涌现出了大量的英雄们，此刻我们就要探秘英雄们的故事，领略不一样的感受。由于以色列开始采取低空、近程突防的空袭战术，迫使埃及、叙利亚等国不得不采取弹炮结合、全空域拦截的方法来应对这场战争。仅埃及就在苏伊士运河西岸正面90千米、纵深30千米的地域中，配置了62个地空导弹营，200具SA-7导弹和3000多门高炮，形成了一道道坚固异常的防空火力网，给对方以沉重的打击。在历时18天的激烈战斗中，以色列共有114架飞机被击落，70%是地面防空武器的战功。尤其是SA-6和SA-7在这场战争中立下了赫赫战功，让人们刮目相看，从此更是声名大噪。其中，SA-6击落了41架敌机，SA-6和高炮一起合作击落了3架，SA-7击落3架，SA-7和高炮共同击落了3架。除此之外，在这次战

作战士兵和他手中的SA-7

在现代战争中，导弹已经不再新奇，而成为战争中克敌制胜的有力武器。

争中还发生了一件非常有趣的事情，令所有的人感到不可思议，但又不得不接受的一个奇趣事实，那就是以色列在战争中共发射了22枚"霍克"地空导弹，结果却击落了25架飞机，可想而知，在这其中一定是发生了"一石二鸟"的事件，不然怎会创下如此辉煌的战绩。英雄们在这次战争中创造的奇迹将被永久地载入史册，成为经验丰富值得人们惊叹的对象。

受宠的"萨格尔"

第四次中东战争中还有一位重量级的"人物"我们不得不带领大家认识认识，那就是苏联20世纪60年代发展和装备部队的第一代反坦克导弹"萨格尔"。它采用架式发射，目视瞄准跟踪，手动操纵，有线传输指令。"萨格尔"导弹于1965年苏联红场阅兵时展出，同年装备苏联摩托化步兵团反坦克导弹连，在这之后不久其他原华约国家和阿拉伯国家也相继大量装备于部队。在第四次中东战争中"萨格尔"曾被埃及、叙利亚等国大量使用，并且它以自身的优势取得了很好的作战效果。"萨格尔"所取得的可喜成功与它自身过硬的军事"素质"是分不开的。"萨格尔"导弹与其他同类武器相比，具有体积小、重量轻、射程远、威力大等优点，是第一代反坦克导弹中性能较佳的一种，曾大量出口到第三世界国家，并在历次局部战争中广泛使用。但它也有一些遗憾，比如飞行速度较小（120米/秒），易受大风等恶劣天气的影响，最小射程仅为300米，对于一些远程目标只能望而却步，只能对一些近程目标构成威胁，此外还有一个非常棘手的问题需要解决那就是它的射手操作起来比较困难。于是20世纪70年代以后，苏联开始着手对这位"小巨人"进行大刀阔斧的改进，主要包括改用了红外自动跟踪方式，减轻了射手的负担，提高命中率等。其中变化最大的就是命中率从以前的60%突飞猛进提高到90%，真的是神速！

美国士兵正在做"毒刺"导弹的发射训练。

"侯赛因""阿巴斯"兄弟

　　1985年两伊战争其间，伊朗向巴格达发射导弹，从而使袭城战升级。为了回击伊朗，萨达姆也准备以导弹袭击德黑兰，以报一箭之仇。为了克服由于距离较远而难以达到预期目标这一难题，萨达姆·侯赛因下令缩小战斗部，这样的话，所装的弹药势必会有所降低，虽然有这么多的不利因素，但是仍然不能改变萨达姆复仇的决心。于是在西方导弹专家的帮助下，经过两年的艰苦探索，1987年，这种导弹诞生了。为了表示决心和重视，萨达姆还将这种导弹用自己的名字命名"侯赛因"导弹。1988年2月，"侯赛因"导弹终于不负众望锋芒初露，7枚导弹全部落入德黑兰市，使人们惊恐万分。之后，"侯赛因"再获辉煌，到4月20日止，仅仅52天之中共发射了189枚导弹，其中有135枚落入市区，成功率已经达到了71%的高水平。此次战役所获得的巨大成功让萨达姆心中稍稍平衡了一些，但萨达姆并没有忘记自己的宿敌以色列，"侯赛因"的射程要覆盖以色列各大城市，显然还有点力不从心，这该怎么办呢？萨达姆又想到了"侯赛因"，于是下令把1000千克的战斗部缩减为250千克，这样就能剩余出一部分空隙，让这部分空隙来加长发动机，让它能多装点燃料。助推部分越多，射程自然就会增长。于是"阿巴斯"导弹又研制成功了。"侯赛因"和"阿巴斯"使萨达姆如获双翼，成为战争中的得力助手。

海湾战争的先遣兵

　　空中战役已经成为现代战役中极为重要的一部分了，无论哪一次战役美丽的天空都难逃烟雾的任意肆虐。1991年海湾战争爆发，在这次战争中空战也是相当重要的组成部分，此次空中战役的主要任务包括战略性空袭、夺取科威特战区制空权和为地面进攻做好战场准备等。可以毫不犹豫地说这次空战中的武器充当的是名副其实的先遣兵。一场激烈的空中角逐，经过11天的空中鏖战，由多国组成的联合部队已占有明显的优势，制空权已经牢牢地握在手中了。空战进入第三周后，空中行动的重点渐渐转入科威特战区。至1991年2月23日，多国部队共出动飞机近10万架次，投弹9万吨，发射288枚"战斧"巡航导弹和35枚空射巡航导弹，并使用一系列的最新式飞机和各种精确制导武器，对选定目标实施多方向、多波次、高强度的持续空袭，极大削弱了伊军的C3I（指挥、控制、通信和情报）能力、战争潜力和战略反击能力，仅科威特战场伊军前沿部队损失就接近50%，后方部队损失约25%，

兵器解密

在前苏联入侵阿富汗的这场不义战争中，仅 1986—1987 年这段时间中，阿富汗游击队利用美国提供的 1000 枚"毒刺"单兵便携式地空导弹，先后击落 400—500 架飞机和直升机，给前苏联以重创，成为有史以来，所有战争中利用地空导弹击落飞机最多的一个战役。

这次空战给伊军带来的重创，为进一步发起地面进攻创造了重要的条件，同时为也为整个战争的最后胜利做出了不可磨灭的贡献。

斯拉姆空地导弹

海湾战争中另外一位表现出色的家伙就是"斯拉姆"空地导弹了。1991 年 1 月 18 日，即海湾战争爆发后的第 2 天，2 架载有"斯拉姆"空地导弹的美国海军 A-6E"入侵者"舰载重型攻击机和 1 架 A-7"海盗"舰载轻型攻击机从部署在红海的"肯尼迪"号航空母舰上起飞，穿越茫茫的干燥沙漠，飞越沙特阿拉伯领空，抵达伊拉克境内。这次行动的 3 架飞机的主要任务是炸毁伊发电厂的主要控制设备，瘫痪其整个发电能力。A-6E 舰载攻击机发现目标后，通知 A-7 攻击机予以协同，于是便接近目标，进入导弹射程之内后首先发射了第一枚"斯拉姆"导弹把坚固的厂房炸开一个直径约 10 米的大洞。2 分钟后，另一架 A-6E 向目标发射了第 2 枚"斯拉姆"导弹，接下来奇迹发生了，第 2 枚导弹居然不偏不倚从第一枚导弹炸开的洞口穿入厂房内部，顷刻间机器的轰鸣声转变成剧烈的爆破声，电站被彻底摧毁了。在这次行动当中，"斯拉姆"以其非凡的表现而赢得了美国人给它打了一个高高在上的满分。

"斯拉姆"空地导弹的成功使用，说明最新一代空地导弹已具备指哪儿打哪儿、攻击高精度点状硬目标的能力，这种远战兵器不仅杀伤力极大，而且可以免伤非军事目标，所以特别适合"外科手术式"作战。

F-16 战斗机发射"响尾蛇"AIM9L 型空对空导弹

战略导弹

战争虽然不是人们希望看到的场景，但是也是在所难免的事情。因此，战略导弹在和平时期依旧有它研究的必要。目前世界上多数国家都在探索战略导弹的性能，以求在特殊时期为自己的国家和民族服务。那么战略导弹究竟为何物？是什么趋使着人们都在做着同样一件事情，并且长期的乐此不疲呢？

> 潜地战略弹道导弹,采用潜艇水下发射
> 美国的"侏儒"导弹于1992年试飞成功

兵器知识

什么是战略导弹 >>>

战略导弹生来就比较傲慢,脾气也比较火爆,这也得归结于人家自身的能力。虽然和平发展是当今世界发展的主题,但这丝毫没有影响到战略导弹"粉丝"们的热情,他们仍旧醉心于战略导弹超强的威力,并且威力越大得到人们的重视程度就会越高,这就使得战略导弹不断要求提高自身的业务素质的呼声越来越高。

小小名片

战略导弹是非常著名的导弹明星。它主要由弹体、动力装置、制导系统和弹头等组成,是主要用于打击战略目标的导弹。不同类型的战略导弹,其发射装置和控制设备会有所不同,与此同时发射方式也不尽相同。战略导弹是战略核武器的主要组成部分,按作战使用分为进攻性战略导弹、防御性战略导弹(反弹道导弹导弹)。进攻性战略导弹,通常射程在1000千米以上,携带核弹头或常规弹头,主要用于打击敌方政治经济中心、军事和工业基地、核武器库、交通枢纽,以及拦截对方来袭的战略弹道导弹等重要目标。

与战术导弹的纷争

按射程区分,射程在4—600千米以内的算战术性的导弹,以上的算战略性的导弹。不过具体的区分各个国家不一样。根据国情决定,并没有统一标准。按照西方也就是美军的划分标准,700千米以下算战术导弹,700—3000千米算中程导弹,3000千米以上算洲际导弹也就是战略导弹。在冷战时代,美国和苏联进行导弹控制条约谈判时,争论最大的就是中程导弹的划分,苏联认为部

🔺 战略导弹射程通常在1000千米以上,它可以是弹道式导弹,也可以是巡航导弹,可在基地发射,也可机动发射。图是导弹发射井。

20世纪60年代初期,法国开始研制战略弹道导弹,到了20世纪70年代初,地地中程弹道导弹和潜地中程弹道导弹已经先后装备于部队。后来随着技术的改进,到20世纪80年代初期,研制成功分导式多弹头导弹,并且很快装备于部队。

署在中欧的应该算战略导弹,因为这些都对自己的战略纵深有威胁,美国则认为不算。由于有两洋的保护中程导弹威胁不到自身,因而美国认为中程导弹都只算战术导弹。因为以色列的杰里科—2可以打遍中东任何国家,虽然其基本型射程不过900千米,阿拉伯还是坚持把它视为战略导弹。同样的道理,日本把朝鲜的劳动—1以战略导弹对待,而在美国眼里只算战术导弹。

AGM-129A(ACM)战略空射巡航导弹

发展简史

第二次世界大战后,美国和苏联在德国V-1和V-2导弹的基础上,开始发展战略导弹。20世纪60年代中期和20世纪70年代初期,战略导弹装备了集束式多弹头,到了20世纪70年代中期,已经装备了分导式多弹头,提高了突防能力和打击多个目标的能力。20世纪70年代中期以来,除进一步改进惯性制导系统和加固导弹发射井外,为提高战略弹道导弹的生存能力,一些国家着

手研制机动性能好的陆基战略弹道导弹。美国和苏联等国先后研制和装备的战略导弹已达九十多种型号,现装备的战略弹道导弹有三十余种。战略导弹经过几次更新换代,战术技术性能不断提高,命中精度(圆概率偏差)由数千米精确到几十米,就连发射准备时间由十几小时、几小时缩短到几十分钟,真的可谓是飞速发展。

发展趋势

战略导弹发展到今天,其趋势主要包括:继续研究改进制导技术,注意发展多种发射方式和多种弹头;对导弹和导弹发射井采取抗核加固;在进一步地完善大型战略导弹的同时,注意研究机动的、小型的和单弹头的战略弹道导弹;简化发射装置和设备,使之轻便化和提高机动能力。战略弹道导弹已经开始采用星光中制导和雷达相关末构成的复合制导方式,发展高性能分导弹头,提高导弹的命中精度、生存能力和摧毁硬目标的能力是现代人们非常迫切的愿望。

> **兵器简史**
>
> 美国于20世纪50年代初期和中期,先后研制成功"斗牛士"、"鲨蛇"等战略巡航导弹,有的已经装备了部队,但由于性能较差,不久之后陆续退役。与此同时,美国也注意了弹道导弹的研究工作,并先后研制出"雷神"、"丘比特"、"宇宙神"等中程和洲际弹道导弹。

战略导弹的性能 》》》

我们知道,飞机、巡航导弹等之所以能够飞行,主要是借助于发动机的推力、机翼或弹翼的升力和尾翼的平衡力来保持正确的飞行姿态和所需要的平稳性。战略弹道导弹在助推火箭将其推出大气层后就全部脱落和分离了,光靠一个光溜溜圆柱状的弹头,在失去发动机的情况下是怎样飞往万里之外并击毁目标的呢?

战略导弹如何飞行

实际上,战略导弹的飞行原理和枪弹、炮弹的飞行原理是一样的,也就是说,只要炮弹或枪弹离开炮口或枪口时的初速大,只要所选择的射击高低角合适,炮弹或枪弹就

会以初速赋予它的推力靠惯性按抛物线弹道飞行,最终击中目标。它靠什么获得一个足够大的初速呢?

这就是我们平时所见到的导弹升空时发动机点火、地面浓烟滚滚的景象。发动机以巨大的推力,在克服地心吸引力之后将导弹垂直推上天空,导弹在火箭发动机的推动下,穿越厚达100—200千米稠密的大气层之后,进入到了一个几乎没有空气的真空世界中,只有地心吸引力,这样,导弹弹头便可依仗最后一级发动机赋予它的最后推力和动能,靠惯性继续向上爬升。

法国M4潜对地战略导弹

法国 M4 潜对地战略导弹属于第四代战略导弹,共有三种型号,M4A、M4B 和 M45。M4A 和 M4B 于 1985 年开始装备部队,随后又有大批产品装备与部队,目前,M4 已成

◀ "和平卫士"导弹是美国第四代战略导弹,由于采用新技术、新材料,其作战性能较以前的型号大大提高,是美国目前性能最先进的战略导弹之一。它具有投掷重量大、反应速度快、精度高、可用多种方式进行发射的特点。

战略弹道导弹一般是多级导弹，主要由弹体、推进系统、制导系统和弹头系统等组成。弹体是连接、安装各部件和系统的圆柱形承力壳体，具有良好的空气动力外形。推进系统是用于推进导弹飞行的装置，通常采用液体或固体火箭发动机。

兵器解密

为法国现役战略核导弹中的主力军。这种导弹采用惯性制导，内装6枚高速飞行的分导式核弹头，每个弹头当量为15万吨，动力装置也非常强大为三台固体火箭发动机。M4是由潜艇发射的，其发射深度为40米，射程为4000—6000千米，飞行所需时间约20分钟，圆公算偏差为300米，弹长11.05米，弹径1.93米，弹重35000千克，核弹头当量6×15万吨。

🚀 RS—20V 洲际战略导弹

精确制导武器的奥妙

直接命中概率高，这是精确制导武器名称的根本由来，也是精确制导武器最基本的特征之一。目前，一些具有代表性的精确制导武器的命中概率已经达到80%以上，激光制导炸弹和电视制导炸弹，其圆概率偏差约在2米以内。

现在已经出现了完全依靠弹体的动能直接撞毁目标而根本就不需要装药战斗部的精确制导武器。例如，英国宇航公司研制的高速防空导弹，其飞行速度可达4马赫(1马赫近似速度是340米/每秒，导弹没有爆破战斗部，它靠弹体高速飞行的动能来击毁目标。

疯狂的"撒但"

RS—20V 洲际导弹是俄罗斯战略威慑力量的基石，该导弹最大射程1.1万千米，发射重量为211吨，战斗部总重8.8吨，可携带10个当量为50万吨 TNT 的分导式核弹头，能分别打击10个战略目标。虽然命中精度差点儿，为500米，与美国已经退役的"和平保卫者"导弹的900米相比，还有很大距离，但因为威力巨大，爆炸后足以把500平方千米内的战略目标悉数摧毁，丝毫没有影响到人们对它的重视。

体积最大、威力最强是RS—20V洲际导弹最突出的特点，因而北约给它起了个令人恐怖的代号——"撒但"(SS—18)。

兵器简史

20世纪70年代中期以来，除进一步改进惯性制导系统和加固导弹发射井外，一些国家着手研制机动性能好的陆基战略弹道导弹。例如，苏联的SS—24导弹由铁路列车载运机动发射，SS—25导弹由汽车载运，在公路上机动发射，也可部署在加固的发射井内发射。

> 高击弹头是很难被反导导弹拦截的
> 机动变轨技术是一种新的突防手段

战略导弹的突防 >>>

矛和盾历来都是在对立中发展起来的,二者相辅相成,缺一不可,没有了其中的任何一个,另一个都难以发展和完善。战略导弹的发展也是如此,一种新型导弹刚刚研制成功,发明者们必然要经过深思熟虑将一系列针对性的反导防御措施提上工作日程。在这些突防措施的大力帮助下导弹才能突破对方布下的天罗地网,快速准确地命中目标。

伴飞对突防的改进

一大堆气球从手中放飞,在升空的过程中或许有几只会被树枝等障碍物牵绊住,但总有几只向着理想的高度远去。其实将这种道理嫁接到战略导弹上面,就会发现命中率会提高很多——这就是伴飞技术。将这种技术推广到导弹领域,多弹头导弹无疑就像是增加的"眼睛",孙悟空身上的猴毛变出来的小猴子,以破解一路上敌方多次、多层的反导,直捣敌巢。 随着伴飞技术的引入,将彻底改变以"避"为思路的"突防"模式,不但有被动的"避",还有主动的"避",

兵器简史

随着土方技术的不断升级,反导弹系统想要成功拦截弹道导弹绝非一件易事。美国的"战区高层拦截弹"已经试验了6次,没有一次拦截成功。难怪美国国内有人讽刺说"想要拦截弹道导弹弹头,就如同站在华盛顿拦截从洛杉矶射来的步枪子弹一样困难!"

甚至是主动反击。多弹头之间可相互保持伴飞状态,而且可改变相互位置和距离,有利突防。

发动机的真空二次启动

弹道导弹发动机太空二次启动技术,就是说,一般的弹道导弹不管是几级火箭,都是一次连续接力点火,将导弹推到最高点后,导弹开始做自由落体飞行,这时的导弹基本是不可控的,在地面瞄准哪里,导弹就奔向哪里。而现在诞生的这种新的导弹突防技术就是:在火箭的末节留一些燃料,当火箭开始做自由落体运动过程时,可根据战

🔺 美军"爱国者"PAC3 导弹拦截来袭弹道导弹示意图

弹道导弹的突防技术是相辅相成的，同一种导弹往往用多种突防技术以提高命中率。如 ss-9 洲际导弹有集束式多弹头和部分轨道轰炸技术；"民兵"Ⅱ有电子干扰、诱饵、隐身、增强加固技术；"民兵"Ⅲ则更为先进，采用的多种突防措施有金属箔条、重诱饵、分导式多弹头、新型弹头外形、加固弹头、涂敷吸波材料等。

略需要，在适当的时机及时地二次启动火箭发动机，向需要的方向作一定的调整，这样即使被对方发现也可完全改变原来的弹道，使敌人的反导弹拦截系统来不及反应，导弹就已经击中目标。

以假乱真

假目标率先突围，这是门独创的新技术，就是在洲际导弹弹头中央安装一枚较大的假弹头，在重新进入大气层时启动它尾部的固体火箭，使之较快于其他弹头先一步进入大气层，并使之能强烈反射雷达波伴随发出较强的光和热，以这种方式来吸引敌人的反导弹拦截系统的侦测机构，以假乱真达到欺骗和干扰敌人的目的，从而掩护其他分导式分弹头成功突破敌人的防线，顺利到达目标地点，完成使命。这项技术虽然比较简单，也是最容易实现的技术，但要付出牺牲一定的导弹载荷，因而它的命运也就受到相应的限制，目前，这种技术主要应用于大载荷的重型洲际弹道导弹上。

反导保护伞

为保证弹头突防击中目标，须对导弹、弹头及电子设备进行特殊的抗核加固，这就像给弹头随身携带了一把保护伞，以备不时之需。这种保护伞不仅可以保全自己的弹头，还能给敌人造成重大打击。就弹头而言，现在采用的办法是防核辐射，通常在弹头表面包覆吸收材料或多孔膨胀材料加以屏蔽，或者是防电磁脉冲，主要采用铝镁合金等实施整体屏蔽，采用滤波器、限幅器、特种保护线路等保护弹头里的线路。这样，反导弹核弹头爆炸时所发生的大量高能粒子流、电磁辐射等特殊效应可在较大范围内破坏、摧毁来袭导弹或其电子设备，从而顺利地完成任务。

美国"和平卫士"地对地战略导弹

发射方式 >>>

导弹的发射方式有很多种,除了广阔的陆地、宽广的蓝色海洋,还有飞机都可以作为战略导弹发射的平台。除此之外,地地战略弹道导弹、潜地战略弹道导弹和战略巡航导弹根据它们性能的不同,发射方式相应也不太一样。地地战略弹道导弹可采用地面固定发射、机动发射或地下井发射。潜地战略弹道导弹采用潜艇水下发射等。

水下发射导弹

水下发射弹道导弹(潜地)时,潜艇一般在水下30米深度航行,导弹置于导弹发射筒之内,发射筒垂直装于潜艇中部,有的在耐压壳体内部,有的则位于耐压壳体与非耐压壳体之间,一般每艇携12—24枚导弹。

兵器简史

漂浮式发射并不是一项新技术,早在第二次世界大战时德国就做过试验。他们把导弹装在一个密封的浮筒里,里边装有压载物以使浮筒处于垂直位置,然后打算用舰艇把它拖往大西洋海域,虽然没有来得及发射,但这种漂浮发射的原理却对战后导弹的发展产生了一定影响。

发射时,导弹发射筒上盖打开,接到发射指令后,电爆管起爆,点燃燃气发生器,使其产生的高温高压气体从发射筒底部喷入筒内,在反作用力的推动下,将导弹穿透水密隔膜后径直向上推出筒外。出筒后的导弹在第1级火箭的助推下直冲云霄,大约飞行二三十千米之后第2级火箭进行接力助推,第1级火箭的助推器脱落,如此继续,将导弹推向外层空间,按预定弹道飞行后再入大气层对目标实施攻击。

漂浮式发射

1962年以后,美国制订了用于漂浮发

战术导弹一般在对流层内飞行，正是风、雨、雷、电相互作用、气流上下湍动、空气最稠密的一层大气层，所以有时碰巧在空中遇雷电时则会发生雷击导弹的事件。不过，有记载的只有一次，即1984年6月上旬某日"马特"反坦克导弹遭雷击事件。

兵器解密

射试验的"水中计划"，并在加利福尼亚木古角导弹试验中心进行了多次试验，均获成功。试验证明：只要这种运载工具能先进行垂直漂浮，然后借助火箭本身的推力就能从海面发射升空。各种陆上发射井发射的导弹，经过适当改进也可在水中漂浮发射。

除美国外，苏联从20世纪60年代初期开始也在使用这种漂浮发射方式，苏联Y级和D级潜艇上发射的弹道导弹就是使用的这种方法。当导弹脱离潜艇之后，依靠自身浮力升至水面，然后火箭发动机点火，海水水体就成了它的发射装置。漂浮发射不需要庞大的发射井和潜艇，结构简单，机动性又好，发射数量也不受限，军用或民用舰船均可携载，所以是一种很有发展潜力的发射方式。

🔊 从地面发射的导弹

反坦克导弹的发射

空射式是反坦克从第二代开始使用的发射方式，到了第三代反坦克导弹这种发射方式已经可以大幅地度提高作战性能。用武装直升机或反坦克飞机发射反坦克导弹有许多独到的优点，如平台机动性高，可充分发挥反坦克导弹的威力，射程就比较远，A-10攻击机携带的"小牛"导弹最大射程能达40千米；携载量也会增大，一般车载型多为四联或八联装，但用武装直升机却可携载16枚反坦克导弹，这样作战效能就明显增强。这种空射式机载型导弹主要有"小牛"、"狱火"、"陶""沃斯普"和"挫败进攻者"。

多种发射方式

第三代空空导弹是20世纪70年代中期开始服役的，在这一代导弹中有一种远距截击空空导弹不得不引起人们的注意。这种导弹射程一般达40—50千米以上，最远的可达110—160千米，因此可以对付从超高空几十千米到超低空几十米的空中目标，可以用于战区防空和遮断任务。既能尾追，又有迎击；此外它的发射方式也很特别，和一般导弹比起来，可算得上是多才多艺了。远距截击空空导弹非常机动灵活既能向上发射，又能向下发射；既能单枚发射攻击单个目标，又能多枚齐射攻击多个不同的目标。

> "潘兴"Ⅱ导弹最大射程1800千米
> "潘兴"Ⅱ命中精度40米

"潘兴"战略导弹 >>>

"潘兴"导弹是美国研制的一种中程地对地固体弹道导弹,以美国上将"潘兴"的名字命名。"潘兴"Ⅰ导弹已退役,"潘兴"Ⅱ导弹是第三代地对地战术导弹,1974年开始研制,1985年装备部队。该导弹采用惯性制导和雷达地形匹配末制导两套系统,命中精度约30米,是目前地对地弹道导弹命中精度最高的一种导弹。

名称由来

潘兴是美国军事家,陆军上将,生于密苏里州。1886年毕业于美国陆军军官学校

兵器简史

"潘兴"Ⅱ导弹是典型的冷战时期的产物,虽然由美国研制生产,但最早的部署并不是在美国本土进行的,而是"冷战"的前沿地区联邦德国。1983年北约组织开始在联邦德国部署"潘兴"Ⅱ导弹108枚,到了1985年才在美国本土部署了42枚。

(西点军校)。第一次世界大战期间,参加过著名的马恩河战役、圣米耶勒战役和默兹—阿戈讷战役。1921年起潘兴任陆军参谋长,有"铁锤"之称,在美国历史上堪称"伟大的军人"之一。"潘兴"Ⅰ和"潘兴"Ⅱ导弹就是以他的名字命名的。

"潘兴"Ⅰ

1960年2月25日"潘兴"Ⅰ导弹做首次飞行试验。经过15次研制性飞行试验之后,于1962年6月交付使用,在美国俄克拉何马州的西尔堡开始部署第一个"潘兴"导弹营(即第三营)。1964年和1965年分别装

约翰·约瑟夫·潘兴

"潘兴" I 导弹是美国陆军固体机动地对地战术导弹,用于取代"红石"液体导弹,对战区进行快速支援或对前线部队进行一般性支援。它是依照机动、可靠和便于维护使用等原则设计的,整个导弹系统装在四辆履带车上运输和发射,也可用直升机和飞机空运。

备驻西德的美军和西德空军。到1967年在西德内卡苏尔姆·斯韦比施格明德基地装备一个导弹旅(即第56野战旅,管辖四个导弹营)和两个西德空军联队。一个典型的导弹营包括三个发射连、一个指挥连和一个勤务连。每个发射连有三个发射排,每个排拥有三个导弹发射架。驻西德美军共拥有 108 个发射架;两个西德空军联队拥有 72 个发射架。驻扎在美国本土的第三营主要承担训练教学任务。

零缺陷构想

1961 年,"潘兴"导弹在前 6 次成功发射的基础上人们开始尝试第 7 次的发射,然而在这次发射过程中让人意想不到的事情发生了,在导弹的第二节点火后不久就引爆了,这标志着这次导弹发射失败了。作为"潘兴"导弹项目的质量经理,克洛斯比开始不断地反省,很快他就注意到在将导弹送到卡纳维拉尔角去发射前,通常会出现 10 个左右的小缺陷,在发现问题后人们才开始想办法解决问题,这让克洛斯比感慨万千,能不能将问题扼杀在摇篮里?构想能不能更加合理一些?于是,他提出了"第一次就将事情做好"和"零缺陷"的概念,从此,引发了质量管理上的一场革命,人们对自己提出了更高的要求,并按着这个要求逐步完善。

"潘兴" II 导弹主要用于打击原华沙条约国的指挥所和交通枢纽等硬目标。图为"潘兴" II 导弹发射时的情景。

"潘兴" II

"潘兴"导弹完全称得上响当当的威猛"将军"。导弹战斗部为 5 千至 5 万吨级 TNT 当量的核弹头,最大飞行高度约 300 千米,最大速度达 12 倍音速,弹长 10 米,弹径 1 米,发射质量 7.26 吨,发射准备时间为 5 分钟。采用核弹头,动力装置为 2 级固体火箭发动机,射程 160—1800 千米。虽然,"潘兴" II 各个方面的表现都非常出色,但是在和平时期英雄无用武之地的事情并非少见。1987 年 12 月 8 日,苏联和美国达成一致,共同签订的条约中明确规定该型号导弹应该立即销毁掉。

> 1998年两枚改进后的"民兵"Ⅲ首发成功
> 据估算,改进"民兵"Ⅲ需70亿美元

"民兵"系列战略导弹 >>>

"民兵"洲际导弹是美国研制的一种洲际弹道导弹。它有多种型号,有全新的固体燃料导弹系列"民兵"ⅠA型和B型;其后又推出了"民兵"Ⅱ型,它是第二代导弹向第三代的过渡型洲际弹道导弹;"民兵"Ⅲ导弹是第三代洲际弹道导弹,装备有分导式再入飞行器,它是美国战略导弹系统中的第三代导弹。

"民兵"见面会

"民兵"系列导弹一共有三种型号,"民兵"Ⅰ、"民兵"Ⅱ和"民兵"Ⅲ。其中"民兵"Ⅲ

一个"民兵"Ⅲ导弹发射井

兵器简史

"民兵"导弹的历史非常悠久,早在20世纪60年代就已经有了它的身影。"民兵"是一种略小的三级火箭系统,它的发射井设在地下,以有利于避开敌人的攻击。"民兵"导弹的检验要求是非常严格的,由一位空军导弹系统的检查人员负责检查一枚"民兵"导弹。

型是当前美国陆基核力量的主力,并计划改进服役到2020年左右。"民兵"Ⅲ是美国第一种装分导式多弹头的洲际弹道导弹,1970年开始装备美国空军,1975年完成550枚的部署任务,1978年11月结束生产。导弹采用NS-20全惯性制导式子弹头,每个母弹内装有3枚子弹头,导弹动力装置为三级固体的火箭发动机,由地下井发射。目前,"民兵"Ⅲ导弹改进计划仍在继续进行。

勤劳的"民兵"Ⅰ

"民兵"Ⅰ是美国第二代战略导弹,空军三级固体燃料单弹头洲际弹道导弹,由波音

到 1996 年为止，共有 450 枚"民兵"II 洲际弹道导弹分别完成部署任务。其中包括有 8 枚属于紧急火箭通讯系统，部署于怀特曼空军基地，马尔史东空军基地也部署有 150 枚，爱尔斯渥空军基地以及怀特曼基地也各自有 150 枚和 142 枚。

飞机公司研制。1958 年年底研制工作开始，到 1962 年"民兵 1A"服役，至 1965 年 6 月，"民兵"1 A 和"民兵"1 B 两型导弹共有 800 枚装备于美国空军，编成 3 个战略导弹连队，各辖 3 个导弹中队，每中队 5 个小队，每小队导弹 10 枚，每枚置于 1 座发射井中。1969—1974 年"民兵"1A 和"民兵"1B 陆续开始退役，由"民兵"II 式导弹来取代。现在，退役的"民兵"I 导弹主要从事运载火箭的工作。

升级版的"民兵"II

"民兵"II 洲际弹道导弹，1964 年 9 月完成第一次升空。它在长度与吨位上都比"民兵"I 加大，改良过的第二节推进火箭更是延长了其射程。新的导引系统也被安装上，连同可储多个目标资料的仿记忆体，大大地增进导弹的准确度。"民兵"II 洲际弹道导弹在 1996 年完成战备后整个取代了"民兵"I。自从 1987 年起泰坦二型导弹开始淘汰后，"民兵"II 洲际弹道导弹成为美国唯一具有单一巨型当量弹头的陆基洲际弹道导弹。"民兵"II 洲际弹道导弹用来对付软性的大区域目标（如军事或工业中心就需要大当量，但对准确性要求不是很高的的弹头）或孤立的目标是一个不错的选择。

向更高目标迈进

"民兵"III 导弹是美国第一种装分导式

一枚"民兵"洲际弹道导弹发射升空

多弹头的地地战略弹道导弹。"民兵"III 导弹的可靠性非常高。其弹头整流罩由钛金属制成，制导与控制技术和"民兵"I 以及"民兵"II 相比也得到全面的改善，除此之外，导弹的制导系统也进行了全面地抗核加固，可防核辐射和电磁脉冲效应，这样就有效地提高了导弹在核大战中的生存能力。"民兵"III 导弹可携带 7 枚 10 万吨 TNT 当量的核弹头。其导弹安装的指令数据转换系统，使得导弹改变参数的时间由"民兵"II 导弹的 16—24 小时一下子减少到 25 分钟，真的是突飞猛进。

> "白杨"-M被誉为俄罗斯的"镇国重锤"
> "白杨"-M 2010年装备了210—320枚

兵器知识

"白杨"战略导弹 >>>

"白杨"M洲际战略弹道导弹(北约代号SS27)是俄罗斯20世纪90年代研制并部署的最新战略导弹型号,分固定式和机动式两种,不仅能以超音速按弹道导弹轨迹飞行,还可在大气层中自由改变飞行轨道,能十分准确地摧毁目标。这种超强的机动能力能够躲开敌方导弹防御系统的拦截,"白杨"M曾于20世纪90年代在国外部署。

弹头为1.2吨重的单弹头,而新型导弹的弹头为10个弹头,弹头重达4吨,使新型导弹的突防能力更强。有关研究证明,当弹头数量超过5个,拦截导弹基本上就失去效果了——面对铺天盖地的来袭弹头,拦截系统分身乏术,难有招架之功,"白杨"M命中精度在100米以内。

● "白杨"M洲际战略弹道导弹是俄罗斯现役陆射型战略导弹中最先进的一种

俄军导弹中的宠儿

"白杨"M导弹系统之所以引起世人的关注,主要是因为它所拥有的战术技术性能优势。该导弹为单弹头式洲际战略弹道导弹,采用多种制导方式,机动性非常出色。

显著特点

"白杨"M新型导弹射程为1.2万—1.5万千米这就意味着,这种新型导弹不仅能覆盖美国所有国土,而且当它突破美国的国家导弹防御体系(NMD)时,可以避开美军重点设防的北极防线,能够随意地从东、西两个方向打击美国所有重要目标,其威慑和实战能力非同一般。此外,"白杨"M的多弹头突防让对方难以抵挡。"白杨"M导弹的

◀兵器简史▶

俄罗斯计划21世纪的陆基战略导弹主要以地下井和公路机动两种方式展开部署。为了尽快完成这项看起来比较艰巨的任务,1997年俄罗斯首先部署的"白杨"M导弹就是地下井型,公路机动型"白杨"M导弹也于1998年开始部署,并逐步替代已达到使用期限的"白杨"导弹。

兵器解密

"白杨"M导弹上安装有一种能够准确引导和控制的系统，由于在这一系统中采用了新技术，"白杨"M导弹的核武杀伤因素变得极为稳定，导弹完全没有对电磁脉冲的敏感性，可以毫无问题地发射、飞行并最终击中预定目标。

同时既可机动发射也可固定发射，另外值得注意的是"白杨"M兼容性非常好。"白杨"M导弹系统突出的性能是它可以在任何发射装置上发射，对于现有的基础设施只需稍加改造就可以用于发射"白杨"M导弹。这可使导弹系统装备部队的费用减少一半以上，因此，它很容易就笼络了很大一部分人心，成为俄军导弹中备受瞩目的宠儿。

一辆军用卡车装载着"白杨"M导弹

了不起的反侦察能力

"白杨"M导弹系统是世界上第一种为高防护性的发射井和机动发射车制造了标准化统一的导弹；首次使用了新型试验系统，借助它可检验导弹系统在地面和飞行状态下各系统和组件的工作状态和可靠性，这可大大缩小传统试验规模，同时又不降低导弹系统研制和试验的可靠性。"白杨"M飞行速度很快，具有很强的隐身和抗干扰能力。其灵活的发射方式极大提高了它在核战争条件下的生存和反攻击能力，反侦察能力是相当不错的。

留给我们的经验

在"白杨"M导弹研制和装备中也有很多经验值得重视和学习：首先，"白杨"M导弹采用的总体设计改变不大，分系统应用成熟新技术成果，提高主要战术技术性能的途径，降低了研制经费，缩短了工程研制时间。针对弹道导弹防御技术的发展，"白杨"M导弹的改进重点之一是以弹头机动再入技术提高突防反拦截能力，另外，可能还应用了快速助推或助推段机动技术。其次，发射前进行大量的面试验和检测，是提高飞行试验成功率的重要原因之一，而且节省了研制时间和经费。

M51 导弹法国投资了 57 亿欧元研发。
M51 服役前,总共进行 10 次试射。

M51 洲际弹道导弹 >>>

当世界各大国不断地推出各种高性能的导弹时,法国也开始加快了自己的步伐,力争拥有一片自己的天地。M51 型导弹是法国研制的新型洲际弹道导弹,它可以携带 6 枚核弹头,射程可达 8000—10000 千米。M51 型导弹的成功试射对于进一步提升法国海军的威慑力很有必要。

第一次测试

法国改进核潜艇装备计划于 1992 年启动,主要目的是用 M5 型战略导弹装备新一代核潜艇,取代 M45 型导弹。由于 M5 型导弹的研制费用太高,1996 年,法国政府决定修改计划,开发 M51 型导弹,放弃研制 M5 型。M51 导弹的第一次测试是于 2006 年 11 月进行的,这种导弹长 12 米,重 56 吨,装有 6 枚核弹头,射程达 8000 千米。据介绍,这种新型导弹还将多次试射成功后,将逐步取代 M45 型海对陆弹道导弹导弹,装备法国新型战略核潜艇。

第二次试射

法国海军于 2007 年 6 月又成功试射了一枚 M51 型潜射洲际导弹,这次是 M51 导弹的第二次试射。此次试射也取得了非常令人满意的的结果,据法国国防部的一位官员称,M51 型洲际导弹从法国西南部朗德地区的比斯加奥斯发射地点发射,最后缓缓地落入了"远离美国海岸的"北大西洋海域,整个场面壮观宏大。

明显优势

M51 比 M45 导弹具有更远的射程和更好的精度,同时也提高了生命力和操作灵活度。M51 引入了若干创新设计,包括选择放弃它的 6 个核弹头,每个弹头额定 15 万吨 TNT 当量。它能够在高空引爆弹头,不完全释放核爆对目标的破坏性影响,而是产生电磁脉冲(EMP)以削弱地面的电子系统。

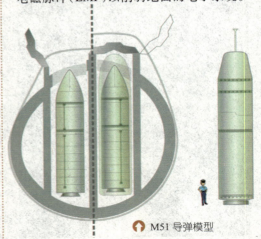

● M51 导弹模型

M51导弹的测试试验在DGA的导弹试验和发射中心进行，该中心位于法国东南部比斯卡罗斯的实验室。由于使用了新型试验设施，M51试射的次数比M45研发过程中40次的试射次数有大幅度减少。

“可畏”号弹道导弹核潜艇

M51导弹重54吨，比M45重50%；长12米，直径2.3米。导弹上安装电力喷嘴调节器、惯性制导与天文制导系统，展开式减阻帽能够降低发射后的空气阻力；它的整流罩是由复合碳基材料制造的。

研发过程

M51型导弹于1998年进入了正式研制阶段。即使面对巨大的压力，法国也将毫不犹豫地部署核武器或优先打击能力，只不过贯彻这一原则的方式将逐步改变，以应对21世纪出现的新威胁。要想起到有效的威慑作用，法国远洋战略舰队必须保持全时反应能力，保证随时都有一枚核弹处于准备发射状态，以震慑潜在攻击者。为应对这种局面，一种方法是提高部署在世界各大洋作战潜艇的数量，另一种方法则是发展一种拥有最大打击范围的能力，M51无疑是后一种方法的代表。据称，只要选择合适的弹道，一艘巡弋在北大西洋上的法国海军SNLE-NG级战略导弹核潜艇就能使用M51弹道导弹攻击任何目标。

部署工作

2010年9月20日，“可畏”号弹道导弹核潜艇被交给法国海军。它已开始了为期几个月的训练周期，该训练周期将在首次作战巡航部署时结束。“可畏”号是第四艘同时也是最后一艘“凯旋”级弹道导弹核潜艇。尽管它们的尺寸和重量都很大，这些超现代的潜艇能够赢得水下“无声的战争。”“可畏”号是第一艘部署M51型洲际核导弹的“凯旋”级潜艇。M51型洲际核导弹刚刚投入作战使用，在提供更高的作战灵活性的同时，对射程和精确度方面也有着明显改进。其他三艘“凯旋”级弹道导弹核潜艇将在2010—2018年之间陆续进行改装，以装备M51型导弹。

兵器简史

1992年，法国国防部第一次提出了新一代M5核导弹的发展计划。根据当时的设想，M5型导弹从1993年开始研制，但这一计划刚出台就因经费问题而搁置。1996年M5导弹的研发工作再次启动。在论证过程中，M5导弹被取消了陆基功能，只限于潜射，其型号也被重新命名为M51。

兵器知识

> 未来战争中导弹部队将为"首发阵容"
> 战术水平直接影响导弹部队作战的胜负

战略导弹部队 >>>

战略导弹部队,在苏联称战略火箭军,由最高统帅部直接指挥;在美国和法国称战略导弹部队,属战略空军司令部,由总统直接指挥。苏联、美国和法国三个国家的地对地战略导弹部队和战略轰炸机部队,弹道导弹潜艇部队,组成各该国的战略核力量。战略导弹部队在战争中具有强大的作战能力和威慑力量。

战略导弹部队编织

各国地地战略导弹部队一般编有导弹作战部队、工程部队、战斗和后勤保障部队、院校和科研试验单位等。苏联战略火箭军按集团军、师、团、营、连编制,美国战略导弹部队按联队、中队、小队编制,法国战略导弹部队编为中队。地地战略导弹部队既可与其他战略核部队协同,亦可独立实施战略核突击。打击的目标主要是战略导弹基地、战略轰炸机基地、海军基地、核武器制造工厂和储备库、高级军事指挥机关,政治经济中心、重要工业设施、交通、通信枢纽及重兵集团等。

主要特点

地地战略导弹部队的主要特点是,装备的导弹及核武器射程远、精度高、

威力大、突防能力强、火力机动范围广、攻击战略目标、对战局影响大、超长的打击距离,使战略导弹部队成为战争初期的"首发阵容"。 以1990年海湾战争为例,美国及其盟军在战争前期,首先发动的正是高强度高密度的导弹袭击为特征的空袭。空袭也为空军战机、地面部队等后继部队的进攻开通了安全道路。对于战争而言,导弹部队的产生打破了战争传统"前沿"和"后方"模式,

正在阅兵式上接受检阅的战略导弹部队

导弹部队顾名思义就是以导弹作为主要装备的作战部队。装备的导弹可分为两类，即装载常规弹头的常规导弹和装载核弹头的导弹核武器。装备地对地战术导弹、中远程或洲际弹道导弹，起威慑和报复作用的导弹部队可称为战略导弹部队。

给战争区域以全新的空间模式。

未来新要求

导弹战在现代高科技战争中地位举足轻重，各国组建导弹部队逐渐形成热潮，且日益朝全方位加强的方向发展，未来高科技战争中，导弹将充斥于战场的每个角落，飞机、军舰、潜艇、机动车辆、卫星和其他航天器都可以成为导弹发射平台。陆军、空军、海军和防空部队，都将拥有导弹武器。随着导弹部队的小型化，其高威慑性、实用性、经济性和多用性将更为充分地体现。在当今世界上，能与美国战略导弹部队相提并论的只有俄罗斯战略火箭军。在美军新的核战略中，仍然将俄罗斯作为主要的潜在对手。

导弹部队的发展变化

1942年底导弹亲哥俩——V-1、V-2在德国降生，从此，拉开了世界制导武器大发展的序幕。导弹以其射程远、威力大、命中精度高的特点，迅速受到军事家们的青睐，并成为各国发展军事装备的重点。战后多年来，导弹已成为枝繁叶茂的大家庭。制

战略导弹部队

导方式越来越多，射程越来越远，命中精度越来越高，其精确程度有人比喻为可以"百步穿杨"。从现代世界战争史看，越南战争、马岛海战、海湾战争、科索沃战争、阿富汗战争以及伊拉克战争中，导弹和导弹部队都起到了至关重要的作用。

科泽利斯克导弹师

科泽利斯克导弹师最早是最高统帅部预备队的第28炮兵旅，成立于1941年，曾经历过伟大的卫国战争的洗礼。1960年决定在此基础上成立洲际导弹旅，1961年被改编为第28近卫红旗洲际导弹师。1964年11月8日，该师开始参加战斗值班。

以前，科泽利斯克师一直被看做是一支边远的卫戍部队。但苏联解体后，乌克兰战略火箭部队不复存在，该师变成了弗拉基米尔导弹集团军的一个组成部分。这支导弹师的主要任务是保护发射阵地和指挥所，时时确保高压线网、信号系统的安全。

兵器简史

为了保卫国家安全，防患于未然，世界上已经有许多国家装备了自己的战略导弹部队。目前拥有自己的战略导弹部队的主要有美国、俄罗斯、英国、法国、印度、朝鲜、巴基斯坦等国，其中美国和俄罗斯的战略导弹部队的装备最为先进，规模也最为庞大。

对空导弹

飞机诞生后不久就被军事家们当做最有力的武器，被广泛地应用于各个战场，战争中出现轰炸机对地面进行狂轰滥炸的场面总是让人触目惊心，难道我们就任由敌方在我们的天空任意肆虐，而丝毫没有头绪，只能等着束手就擒吗？答案当然是否定的了，对空导弹的出现让嚣张的空中战斗机再也不敢得意忘形了。

兵器知识

> 第一代地空导弹射程为50千米左右
道尔－M1型是一种野战地空导弹系统

什么是地空导弹 》》》

地空导弹是指从地面发射攻击空中目标的导弹，又称防空导弹。它最主要任务就是防守天空，保卫领空的安全，为了尽职尽责它像一个多愁善感的孩子，总是习惯性地仰起头望向广阔的天空，几乎忘记了脖子的酸痛和不适，研究着天空出现丝毫的非正常变化，时时保持着严阵以待的姿势，让那些心怀叵测的敌人们不敢有任何非分之想。

明显的胎记

地空导弹是由地面发射，攻击来袭飞机、导弹等空中目标的一种导弹武器，是现代防空武器系统中的一个重要组成部分，已经是组成地空导弹武器系统的核心。与一些其他的先进武器相比，地空导弹有着自己独特的地方，这些特点就像身上的胎记一样，让人记忆犹新，一眼就能将它区分出来。

↻ 美国胜利女神力士型防空导弹

与高炮相比，地空导弹射程更远、射高更大、单发命中率也比较高；与截击机相比，它反应速度较快、火力更加猛烈、威力更大一些，同时还有一个显著特点就是它可以不受目标速度和高度限制，可以在高、中、低空及远、中、近程构成一道道严密的防空火力网，总是将敌机一步一步逼上绝路，因此，在地空导弹的严密防范和打击下很少有漏网之鱼。

多样的分类

根据不同的分类标准地空导弹可以划分为不同的种类，最主要的分类方法有：按射高分为高、中、低空地空导弹；按射程分为远、中、近程和短程地空导弹。尽管如此，各国间的标准也不尽相同，目前多数国家把最大射程在100千米以上的称为远程地空导弹，20—100千米之间的称为中程地空导弹，10—20千米的称为近程地空导弹，10千米以内的称为短程地空导弹。按照制导方式的不同地空导弹又可

高空、中远程导弹中,射程最远的是苏联的AS-5导弹,250千米;射高最大的是苏联的AS-2导弹,34千米;单发命中率最高的是美国的"爱国者"导弹,90%以上;弹体最长的是苏联的AS-5导弹,16.5米;战斗部最重的是美国"奈基"II导弹,545千克。

以分为遥控、寻的、复合制导等类型。其中的寻的制导又相对来说比较复杂一些,可以分为主动寻的、半主动寻的和被动寻的三种。

学习中成长

成长需要一个良好的环境,浓厚的气氛总能将学习研究的效率提高很多,地空导弹也是遵循这一规律而来的。第二次世界大战后,美国、苏联、英国等国不惜人力物力相继开始发展地空导弹,从此引发了一场导弹研究热潮,并且持续升温,速度之快不得不让人叹服。目前低空导弹已经繁衍成为一个非常庞大的家族谱系,形成了高、中、低空,远、中、近程全面撒网的地空导弹系列。在这个大家族中,各个成员都很活跃,为了大家能共同守护好同一片蓝天,它们也都争先恐后地学习提高,生怕由于自己的一点疏忽而让整个家族蒙受不白之冤,团结之心可见一斑。

🚀 RIM-8 防空导弹

骨干,构成对突防飞机的最主要威胁,迫使空袭飞机采取低空和超低空突防并寻求在防空火力圈外发射空地导弹等新的突防样式,从而使防空进入了一个崭新的阶段。

在空防斗争的推动下,地空导弹也将面对着一些新的问题,为了解决这些新的问题,地空导弹不得不调整姿态,向着能够抗击干扰、拥有多用途和复合制导的新型道路上发展。

战争中的推广

地空导弹从小就是一个和善的小孩,为了最大可能地帮助别人它总是不辞劳苦任劳任怨。在20世纪60年代以后的历次局部战争中,地空导弹武器被广泛地应用,我们总能看见它忙碌的身影,地空导弹的加入使地面防空的效能极大地提高了,这使地空导弹武器很自然地晋升为地面防空火力的

> **◀▬▬▬ 兵器简史 ▬▬▬▶**
>
> "萨姆"-2(SA-2)导弹是苏联研制的第一代地空导弹,1959年刚刚服役,其射程54千米,射高34千米,在当时是打击高空飞机最理想的武器。1972年12月18日至30日,美军对越南实施地毯式轰炸,结果有32架B-52轰炸机被击落,其中有29架是SA-2的功劳。

> 美国"奈基"Ⅱ导弹,战斗部重545千克
> 单兵便携式防空导弹射高在3千米以上

地空导弹的发展 >>>

地空导弹由于命中精度高、摧毁威力大、机动能力强、覆盖范围广、反应时间快,所以日益成为地面防空的主要武器。经过第二次世界大战后半个多世纪的发展,地空导弹已经相当成熟并且装备到许多国家的部队,在他们的防空力量中占据着不可或缺的位置。战后地空导弹的发展主要可分为四代。

平分秋色

第一代地空导弹是第二次世界大战后至20世纪50年代末期研制的,此间主要发展国是美国和苏联两家。他们在掠取德国实物的技术资料的基础上,研究、仿制和试验了一批导弹,同时也开始自行设计和制造第一代地空导弹。当时,由于喷气式飞机和战略轰炸机、战略侦察机的大量使用,使传统的高炮失去了作用,射高只有10千米左右的高炮面对以高亚音速、超音速在12千米以上高度飞行的飞机已显得无能为力。

为了对付高空高速飞行的飞机,美国和苏联重点发展了中高空、中远程导弹,其主要代表型为美国的"波马克"和"奈基"Ⅰ、Ⅱ型导弹,苏联的SA-1和SA-2。但这一代导弹尺寸较大,机动性较差,只能固定发射,对付中高空目标,对低空、超低空飞行的空中目标则显得过于笨拙。

时代的顺产儿

第二代地空导弹是20世纪50年代末至20世纪60年代末发展的。由于中高空、中远程导弹的发展,以往以高、中空突防的作战飞机开始采用低空、超低空突防的战术,空中目标的这一重大变化也引起地空导弹的相应变化,因此,其反应速度快,能够对中低空、中远程和低空、近程目标进行攻击的导弹相继问世,最有代表性的型号有美国的"霍克""小榭树"和苏联的SA-3、SA-4、SA-5、SA-6等。其中,SA-5成

⟲ SA-11导弹

射程为 15—40 千米、射高为 6—20 千米的导弹称为中低空、中近程地空导弹。这类导弹中不得不提非常有名的美国"改霍克",它的射程在这类导弹中是最大的,为 40 千米;此外,"改霍克"导弹射高为 18 千米也是最大的。

兵器解密

奈基导弹家族。从左上向右下分别为 MIM-3 奈基-阿基克斯导弹、MIM-14 奈基·大力神导弹以及 LIM-49 斯巴达人导弹。

为当时世界地空导弹发展中弹体最长(16.5 米)、弹径最大(1.07 米)、翼展最大(3.65 米)、发射重量最大(1000 千克)、射程最远(250 千米)的一型地空导弹。

公开的秘密

第三代地空导弹是 20 世纪 60 年代末至 70 年代末发展的。在这一阶段导弹技术已经是一个公开的秘密,许多国家已经能够自主研发地空导弹了,美国和苏联两国再也不能在这一领域里平分秋色了。此间,由于地空导弹初步形成了全空域防卫态势,所以目标飞行的高度变化不大,但仍以低空和超低空突防为主,所以这一代导弹除苏联的 SA-11 中程导弹外,其余全是

低空、近程防空导弹,同时一大批性能较好的单兵便携式导弹也得以迅速发展。这一代导弹的代表型有:美国的"毒刺",苏联的 SA-8、SA-9,英国的"山猫"、"轻剑"、"吹管",法国的"响尾蛇",法德合研的"罗兰特"等。

防空局势的新变化

第四代地空导弹是 20 世纪 70 年代末以后发展起来的。虽然作战飞机仍采用低空、超低空突防模式,但地地战术弹道导弹却给防空导弹带来了新的威胁,使地面防空的局势变得日趋复杂。由于飞机大量采用隐形技术,所以目标机动能力和低空突防能力较强。战术弹道导弹飞行弹道虽然较高,但目标小、飞行速度快,也较易突防。为了应对这些突来的问题,第四代防空导弹采用了相控阵雷达和先进的微电子技术,使地空导弹系统能跟踪和攻击多目标,在命中精度和作战效能方面也有很大提高。地空导弹和战斗机、高炮一起,构成国土区域防空、要地防空和野战防空的重要武器系统。

兵器简史

为了防空反导,第四代导弹在重点发展低空导弹的基础上还十分注意发展各种类型的导弹,其代表型有:美国的"爱国者"、"改霍克"、"罗兰特",苏联的 SA-12、SA-13,美国和瑞士联合研制的"阿达茨",法国的"夏安",日本的 81 式和意大利的"防空卫士"等。

兵器知识 > 单兵便携式防空导弹已经发展了三代
"星光"导弹主要采用复合制导方式

单兵便携式防空导弹 >>>

单兵便携式防空导弹是地空导弹整个系列中体积最为娇小、重量最轻、射程最近、射高最小的导弹，它不需要专用电源车、指挥车和成套的保障设备，便可以在敌方前沿作战区域内进行隐蔽攻击的一种轻型防空武器，主要配备于作战地域前沿或重要设施的防空区域。其打击对象都是低空、超低空飞行的战斗机、攻击机、轰炸机和武装直升机。

独特的结构

由于低空飞行目标的防护一般要比地面装甲目标的防护薄弱一些，因而就决定了单兵防空导弹的结构与单兵反坦克导弹有所不同，区别主要是制导系统和战斗部。单兵防空导弹一般采用破片战斗部，战斗部的结构与一般杀伤弹的战斗部相似，由壳体、炸药和引信组成。有的采用普通金属壳体，爆炸时形成自然破片；有的采用预制或半预制破片，爆炸时形成符合设计者要求的破片。采用预制或半预制破片时，破片的大小比普通杀伤弹的大，如法国的"SATCP"单兵

兵器简史

20世纪70年代以来，越南战争、中东战争和海湾战争中都成功地利用了低空、超低空突防的战术，成功地躲过了的攻击。空中目标在战术上采取的新的变化，必然影响武器发展的相应变化。因此，从20世纪70年代以后，单兵便携式防空导弹便应运而生。

防空导弹，采用的预制破片是穿透能力很强的钨珠破片。目前也有采用杀伤和破甲两种战斗部和多战斗部的单兵防空导弹，既可以对付低空目标，也可以对付一些装甲目标。

发射方式

单兵便携式防空导弹的发射方式大致可分为两种：一种是肩扛式发射，一种是依托式发射。

肩扛式发射的发射方式比较简单，发射者只需呈站立姿势，发射仰角选在15°—65°之间，将发射器置于肩上用单目瞄准镜进行瞄准，接着像发射反坦克火箭那样扣动扳机

美国国民兵作毒刺导弹训练

"星光"便携式防空导弹采用了多弹头战斗部，一个战斗部内可分离出3个子弹头，它们不仅能以高速动能穿甲和高爆进行杀伤，还能从三个不同方向合击一个目标，这不能不让人拍案叫绝。"星光"有效射程7千米，单发命中精度高达96%。

单兵便携式防空导弹

便发射成功。依托式发射方式是指发射装置装在三角支架上、车辆上、舰船上或任何固定及移动的平台上进行发射，相比于肩扛式发射稍微复杂一点，必须借助外力的作用才能完成作战计划。此类发射方式的典型型号是英国的第三代"星光"导弹。"星光"是便携式导弹中性能最好的一型，它的发射方式比较灵活，既可单兵肩射也可以用支架发射，还可以用八联装发射车发射。

从"红眼睛"到"毒刺"

"毒刺"导弹型号为 FIM-92A，是一种单兵便携式防空导弹系统，是在"红眼睛"防空导弹基础上改进而成的。1972年开始研制，1978年装备部队。它采用被动光学双色寻的头，有较强的抗红外干扰能力，能全方位攻击高速、低空和超低空飞行的飞机和直升机，可靠性高、操作使用非常简便。目前，装备美陆军和海军陆战队师属防空营的为改进型，其型号为FIM-92B，每个营装

备90套，每个连装备30套，防空营装备的发射系统中车载式60套，肩射式30套。其主要用于战区前沿和要地防空，打击低空和超低空飞行的各种飞机和直升机。

单兵防空导弹的优势

如果一个国家已经丧失了制空权，只要还有单兵导弹和单兵火箭筒，战争就还可以继续进行。1000枚单兵防空导弹、1000枚单兵反坦克导弹和1万枚单兵火箭筒组成的毫无信息化可言的单兵导弹部队可以阻止轰炸机、直升机、攻击机和侦察机的步伐，防止空中近程打击和陆军侵略。

"毒刺"常作为"政治筹码"提供给小规模游击队或叛军，以对敌方政府施压。

空空导弹 »»»

空空导弹是从飞行器发射攻击空中目标的导弹,是现代作战飞机的主要空战武器,战机空中决斗的杀手锏。空空导弹与地地导弹、地空导弹相比,具有反应快、机动性能好、尺寸小、重量轻、使用灵活方便等特点,与航空机关炮相比,具有射程远、命中精度高、威力大的优势。它与机载火控系统、发射装置和检查测量设备构成空空导弹武器系统。

重要组成部分

空空导弹主要由制导装置、战斗部、动力装置和弹翼等部分组成。制导装置用以控制导弹跟踪目标,常用的有红外寻的、雷达寻的和复合制导等类型。战斗部用来直接毁伤目标,多数装高能常规炸药,也有的用核装药。其引信多为红外、无线电和激光等类型的近炸引信,多数导弹同时还装有触发引信。动力装置用来产生推力,推动导弹飞行,空空导弹多采用固体火箭发动机。目前和未来的一些新型空空导弹(如"流星")采用冲压喷气发动机,具有更好的机动性。弹翼用以产生升力,并保证导弹飞行的稳定。

工作原理

导弹在截获目标并满足其他发射条件后被发射,脱离载机,火箭发动机工作一定时间便停止,导弹便开始进入惯性飞行段。在飞行过程中,制导系统不断测量、计算目标与导弹的相对位置,由偏差形成控制信号,使舵机工作,操纵舵面偏转,控制导弹飞向目标。当导弹接近目标并且符合引信工作条件时,引信就会引爆战斗部,毁伤目标。导弹的制导方式不同,控制信号的形成

🔊 一个美国空军的F—22战斗机正在发射AIM—120中程空空导弹

空空导弹之所以发射后能跟踪目标，是因为它有目标探测系统，也就是我们通常所说的导引头，以及控制导弹转向的飞行控制系统。导弹发射后，导引头锁定跟踪目标，并把目标的运动方向、速度等信息实时传送给导弹的飞行控制系统，从而控制导弹飞向目标。

美国海军的VF-103乔利罗杰斯的F-14雄猫战斗机正在发射一个AIM-54凤凰远程空对空导弹。

方式也有所不同。红外寻的制导是把探测到的目标热辐射变换成电信号，经放大、选频与基准相位信号比较，得到误差信号，形成控制指令。雷达寻的制导是导弹上的雷达接收目标回波信号，进行计算判断，形成控制信号。

"魔术"2空空导弹

"魔术"空空导弹是法国1969年开始设计的，1975年正式装备法军，在一段时期内非常有名气，曾经出口到十几个国家，性能比美国早期的"响尾蛇"AIM-9B、D还要突

兵器简史

实战中大规模使用空空导弹是越南战争。当时，空空导弹的发展还不够成熟，稳定性比较差，命中率也不高。此后，由于技术的逐渐成熟，空空导弹的性能和可靠性得以大幅提高。1973年第四次中东战争，阿拉伯国家在空战中被击落的飞机有331架，其中81%是被空空导弹击落的。

出一些。1985年，法国开始装备"魔术"空空导弹的改进型"魔术"2空空导弹，其性能略优于美国的AIM-9L。"魔术"2型空空导弹除了导引头可与机上雷达同步，发射前便已经密切跟踪目标外，还具有自主发射、昼夜连续作战不间断和全向攻击目标等一系列优点，因此很受多国欢迎。在海湾战争期间，"魔术"2空空导弹也曾经参与作战。

发展方向

一是射程越来越远。欧洲各国联合研制的"流星"空空导弹射程是普通空空导弹的2倍以上；二是攻击范围越来越大。现在空空导弹把"全向发射"作为一个重要发展目标，即导弹可以向后发射，攻击载机后方目标，或者导弹向前发射后，从载机上部飞过，攻击载机后方目标；三是抗干扰能力越来越强；四是机动能力越来越强。随着各种技术的改进，新型空空导弹的机动能力将达到60千克以上，飞机一旦被其锁定便很难逃脱。

挂载于飞机上的AIM-9空空导弹

> "爱国者"PAC2 于 1989 年装备美陆军
> "爱国者"的大部分改良集中在软件上

"爱国者"导弹 >>>

在当今世界的防空导弹中,名气最大的当属美国的"爱国者"防空导弹,也是当今西方国家装备的主流防空导弹。它是美国研制的一种全天候、全空域防空导弹。1965 年开始研制,1985 年年初装备于美驻德陆军,有 PAC1、PAC2、PAC3 等 3 个型号。这种导弹系统能同时跟踪 100 多个目标,并引导 8 枚导弹同时攻击 3 个威胁最大的目标。

短小精悍

"爱国者"导弹是美国研制的多用途地空战术导弹,属美国第四代导弹,1980 年服役。用于对付现代装备的高性能飞机,并能在电子干扰环境下击毁近程导弹,拦截战术弹道导弹和潜射巡航导弹。"爱国者"导弹长约 5.31 米,弹径约 0.41 米,弹重 1 吨,最大飞行速度 6 倍音速,最大射程达 80 千米,战斗部为高能炸药破片杀伤型,虽然身形短小却无比强势。"爱国者"导弹曾在 1991 年海湾战争中发挥了重要作用,

由于这次战斗中的惊人表现,海湾战争后,"爱国者"导弹出口量突然大增,美国在以色列等中东盟国也加紧部署、完善以"爱国者"为主导的防御网。在对伊战争中,小小身板的"爱国者"导弹的任务可并不轻松,它必须盯紧萨达姆手中已不多的"飞毛腿"导弹,防止可装生化弹头的"飞毛腿"打中美军和盟国目标,确保战争能够顺利结束。

神话并不完美

"爱国者"导弹是一种防空、反导兼容型导弹。它最初并不是为了拦截敌方弹道导弹而研制的,但由于"爱国者"导弹具有一系列先进的侦测及操作系统,其跟踪锁定目标和发射导弹完全由电脑自动化控制,再加以卫星预警和数据传输系统,经过雷声公司的改进之后,使之成为具备拦截战术弹道导弹能力的防空导弹。虽

◀ 德国空军中的"爱国者"系统

然海湾战争中，"爱国者"大战"飞毛腿"的画面让人们惊叹不已，但人们没有想到，"爱国者"的神话有很大的水分。在拦截"飞毛腿"的过程中，美军首先利用其卫星预警系统对"飞毛腿"导弹发射情况进行监视，然后将有关参数通过地面通信卫星处理中心传递给中央指挥所和远程预警飞机，这就为"爱国者"导弹赢得了3分钟左右的准备时间。即使如此，事后查实，"爱国者"的拦截成功率也远不如美国军方发布的那样高。

在载赫蓝的失败

1991年2月25日，一枚伊拉克"飞毛腿"导弹击中了沙特阿拉伯载赫蓝的一个军营，杀死了美国陆军第十四军需分队的28名士兵。政府调查指出该次失败归咎于导弹系统时钟内的一个软件错误。在此之前，"爱国者"导弹连在载赫蓝已经连续工作了100个小时。至此，导弹的时钟已经偏差了1/3秒，差不多相当于600米的距离误差。

"爱国者"对弹道导弹的拦截空域小（拦截射程只有10—30千米，拦截射高只有5—8千米），命中概率低。

正是这几百米的误差酿成了这一起惨剧，由于这个时间误差，纵使雷达系统侦察到"飞毛腿"导弹并且预计了它的弹道，系统却找不到实际来袭导弹的精确位置。在这种情况下，起初的目标发现就会被视为一次假警报，侦测到的目标也随即会从系统中删除。其实当时以色列方面已经发现了"爱国者"的这一软肋，并于1991年2月11日通知了美国陆军及爱国者计划办公室（软件制造商）。以色列方面建议重新启动"爱国者"系统的电脑作为暂时解决方案，可是美国的陆军方面却在需要重新启动系统的时间间隔上不能很好的把握，因此迟迟没有应用。1991年2月26日，也就是在"飞毛腿"导弹击中军营后的一天，制造商才向美国陆军提供了更新软件，可是为时已晚，悲剧已经发生了。

"爱国者"导弹的作战距离为3—100千米

⬆ PAC－3 型导弹发射装置

女科学家首先发难

资深物理学家尼娜·施瓦茨是一位以色列移民，计算机图形分析和模式识别专家，是她最先指出"爱国者"导弹防御系统试验报告中存在重大缺陷的。

1995 年，TRW 公司聘请施瓦茨开发"外大气层截杀器"的软件，施瓦茨的任务是测试和评估"截杀器"软件的算法，"截杀器"是用来拦截来犯导弹弹头并且识别其真假的软件。这种目标识别技术是反弹道导弹防御计划的核心。一旦这个技术难关被攻克，也就是说一枚飞驰的子弹果真可以迎头

⬇ "爱国者"导弹是一种防空、反导兼容型导弹。它最初并不是为了拦截敌方弹道导弹而研制的，但经过雷声公司的改进之后，使之成为世界上第一种具备拦截战术弹道导弹能力的防空导弹。

拦截一枚敌方射来的子弹，那么反弹道导弹"盾牌"就可以切切实实地保护美国免予外来导弹的袭击。可是，根据施瓦茨一次又一次在电脑中的模拟实验来看，TRW 计划根本无力识别敌方弹头的真假。

施瓦茨的这一发现自然让她的老板不甚满意，1996 年，她终于被 TRW 公司找个借口解雇，被"扫地出门"的她郁愤难平，一纸诉状将其雇主告上了洛杉矶地区法庭，指控 TRW 欺骗美国政府。虽然施瓦茨的这一发现确实引起了不小的轰动，但此事并非像女科学家预期的那样得到圆满的解决。

"爱国者"是个败笔

作为军事防御系统的评估专家，波斯托尔教授在这一领域有着绝对的权威地位。克林顿执政期间负责防务系统测试和评估的前国防部长助理菲利普·高勒对波斯托尔的评价相当公允，他认为在对导弹防御做技术分析上，"没有人比波斯托尔更合适"。

1991 年，海湾战争爆发，波斯托尔首次公开主张美国使用反弹道导弹，其目的就是为了击落伊拉克的"飞毛腿"导弹。根据美国官方的报道，"爱国者"导弹系统共击落了伊拉克总共 47 枚"飞毛腿"导弹中的 45 枚。当时的美国总统老布什"龙颜大悦"，连连称赞说："国家导弹防御系统果真名不虚传！"美国国会更是为此将国家的导弹防御系统的拨款增加了一倍，仅在 1992 年就增加拨款 8 亿美元！

但是就在这个时候，波斯托尔却发现了一些问题，这促使他不得不对反弹道导弹产生了疑虑。从

"爱国者"防空导弹在1991年的海湾战争中声名鹊起。在这场战争中，伊拉克发射的"飞毛腿"导弹80%是被它成功拦截的。而"爱国者"防空导弹在以色列和沙特阿拉伯的夜空中腾空而起的情景，成为这场战争中一道特殊的风景。

兵器解密

兵器简史

在海湾战争以前，弹道导弹防御只是一个未经实战考验的概念。"爱国者"导弹被派去击落发射到以色列和沙特阿拉伯的伊拉克导弹。1991年1月18日它第一次成功拦截及摧毁了一枚发射到沙特阿拉伯的"飞毛腿"导弹。这是第一次一个空防系统击落一枚敌方战区弹道导弹。

他获得的第一手"爱国者"和"飞毛腿"交战的录像资料来看，事实上，"爱国者"几乎错漏了全部"飞毛腿"导弹弹头！

虽然波斯托尔关于"爱国者"的评估最终被证明是正确的，但那已经是事发几年之后的事情了。此时，甚至连对"爱国者"深信不疑的五角大楼也开始相信"爱国者"确实是一个败笔。

系统的不断升级

针对"爱国者"导弹存在的一些问题，研发者和生产者也不断寻求好的解决方案，所幸的是问题终归得到了有效的解决。截至2002年为止，以色列使用"爱国者"构建其两层反弹道导弹防御系统，以箭式导弹作为高度拦截器，"爱国者"则作为点防御。"爱国者"系统被布置于以色列的核反应堆及核武器装配地。随后出现的"爱国者"二型，

正如其前一代(也称为"爱国者"一型)，也是使用近接引信，在目标附近爆炸，在射程上比"爱国者"一型高。GEM是"爱国者"二型的另外一个改良版，容许导弹在飞行中有自我修正飞行路线的能力。在此之前，所有修正讯号必须由地面控制中心传送到导弹上，这样费时又费力。

后来的"爱国者"三型比二型体积更小且更准确，这得力于它在设计上是瞄准撞击来袭的导弹弹头，"爱国者"导弹弹头上没有任何炸药，主要是利用它的动能去引爆目标。由于体积缩小，一辆发射运输车得以携带16枚"爱国者"三型导弹(四具发射器当中，每个发射器配备四枚导弹)。相比之下，"爱国者"一型或二型导弹只有四枚导弹(每车四个发射器，每个发射器一枚导弹)，这样"爱国者"三型不但更准确了，而且可以发射更多的导弹拦截每个目标，成功拦截的机率也随之提高。

2010年6月1日，位于波兰的"爱国者"导弹系统

兵器知识

萨姆防空导弹 >>>

萨姆系列防空导弹由苏联1948年开始研制,是由拉沃契金地对空导弹设计局在德国"瀑布"地对空导弹的基础上发展起来的,最早的型号是萨姆-1防空导弹。萨姆是北约给苏联导弹起的代号,而苏联命名时使用字母C,而俄语字母C对应英语字母S,萨姆(SA)是SANM的缩写。

⬆ 萨姆-6(SA-6)防空导弹发射时的情景

昔日的英雄

萨姆-6的制导雷达采用多波段多频率工作,抗干扰能力强;导弹采用固—冲组合发动机,比冲高。导弹的主要缺点是制导系统技术不很先进,采用了大量电子管,体积大、耗电多、维修不便和操作自动化低等。

此外,萨姆-6的发射车上没有制导雷达,一旦雷达车被击毁,整个导弹连就丧失了战斗力,但这丝毫没有影响到萨姆-6的才能发挥,在第四次中东战争中有出色的表现。在历时18天的战争中,以色列被阿拉伯国家击落的114架飞机中,有41架是SA-6击落的,因而名噪一时。

在1999年的科索沃战场,萨姆-6地空导弹面对北约的高技术兵器,宝刀不老,再展雄风。3月24日夜间,南联盟军队用"萨姆"导弹摧毁了3枚"战斧"巡航导弹。同一夜晚,北约一架"旋风"式战斗机被萨姆-6防空导弹击落。美国空军一架F-16战斗机在白天被萨姆-6导弹击毁。萨姆-6导弹采用冲压发动机,发射痕迹小,飞行的速度快,在波黑被击落的美军F-16飞行员刚

⬆ 萨姆-6(SA-6)防空导弹

接到雷达警告，还未来得及采取措施，飞机已经中弹解体了。在海湾战争中，多国部队首次空袭伊拉克所损失的两架飞机，很可能就是被伊拉克的萨姆-6导弹击中的。

萨姆-11 防空导弹

萨姆-11 防空导弹是苏联军队新式近程防中低空导弹系统。1979年开始装备部队，起初与萨姆-6防空导弹系统混编，每个萨姆-6导弹连内有一部萨姆-11导弹发射车，统一由"直流"射击指挥系统指挥。后来萨姆-11编成独立的防空导弹团，每团辖5个发射连，作为坦克师和摩步师的建制单位，全团装备20部发射车，并装备新型的雷达火控系统。萨姆-11主要用来对付美国的反辐射导弹，巡航导弹以及30—15000米高度上的超、亚音速飞机，其作用与萨姆-6相同，但其性能与威力比萨姆-6要强。

萨姆-11 防空导弹外形酷似标准防空导弹，弹体中段安装4片长弦短翼展控制翼面，尾端安装4片截短三角翼形的活动控制舵面。攻击时先快速爬升，再俯冲瞄准目标，导弹系统进入战斗状态需要5分钟，从目标跟踪到发射导弹需要22秒。萨姆-11

萨姆-11 防空导弹

萨姆防空导弹家族中成员众多，上图为萨姆-13防空导弹。

防空导弹每个导弹营包括一部指挥车，一个搜索雷达车，六部运输—起竖—发射—雷达车，三部装填车。

萨姆-13 防空导弹

萨姆-13 防空导弹（SA-13"金花鼠"，9M37M Strela，苏联称之为"箭-10"）是一种机动式全天候近程地对空导弹武器系统，该导弹系统于20世纪70年代初在"箭-1"基础上研制而成，主要用于对付低空亚音速飞机。1975年，萨姆-13开始装备部队，1980年出现于前苏军驻东德集群部队，1985年年初，苏联还向安哥拉、保加利亚、利比亚、捷克、叙利亚提供一批萨姆-13地对空导弹武器系统。在20世纪80年代，平均每年至少可以生产2800枚萨姆-13。

性能特点

萨姆-13防空导弹是在萨姆-9防空导弹的基础上改进的，从外形看很像萨姆-9，但是它们之间也存在不少区别，如：萨姆-9采用轮式载车，而萨姆-13采用履带车。萨姆-13增加一部测距雷达，装在两对导弹发射箱之间。萨姆-13 导弹及其发射箱比萨姆-9长，发射架的底座增大了。萨姆-13

兵器简史

在以往的战争中,萨姆-3防空导弹一直是战绩平平,但是在1999年的科索沃战争中,由于南联盟军使用萨姆-3击落了号称世界最先进的美军F-117隐形轰炸机,默默无闻的萨姆-3导弹一鸣惊人,顿时威名远播,这也成为萨姆导弹作战史上最为光彩的一页。

导弹采用较大的固体火箭发动机和双波段红外导引头,从而使萨姆-3的作战性能提高,如作战空域大力、越野性能好了、抗红外干扰能力强了。此外,最重要的一点是萨姆-13系统可以发射萨姆-9导弹。

萨姆-17防空导弹

萨姆-17防空导弹(SA-17"灰熊"),俄代号为"山毛榉"-M1-2,是俄罗斯的一种新型防空导弹系统,用于替换早先的萨姆-11防空导弹,于1995年进入俄陆军服役。该系统的作战目标为战略和战术飞机、战术弹道导弹、巡航导弹、战术空射型导弹、直

🔺 萨姆-17 防空导弹

🔺 萨姆-11 防空导弹

升机和无人驾驶飞机。

萨姆-17防空导弹保持了萨姆-11防空导弹结构体系的主要特点,将目标通道的数量提高了好几倍,因而可对抗大规模现代武器的空中袭击和导弹攻击。萨姆-17给人带来了新的防空理念。它可在发射架的高低界保持不变的情况下发射导弹对付所有的目标。萨姆-17防空导弹用相控阵雷达天线取代装置在发射架上的跟踪雷达天线。每部发射架都能同时制导4枚导弹对付不同目标。它的作战目标为战略和战术飞机、战术弹道导弹、巡航导弹、战术空射型导弹、直升机和无人机。它还具备有限的反战术弹道导弹的能力,并能对付20千米距离内的反辐射导弹。

俄空军装备的萨姆-17防空导弹是将两部四联装发射架安装在同一个拖车平台上,既可节约成本,还利于增强防空火力网。为了提高对低空目标的捕捉能力,它采用了"长颈鹿"雷达,就是把跟踪雷达安装在液压驱动的22米高的桅杆上的雷达,这种雷达通常与发射车配合使用,可为系统的8枚导弹指引目标。

"四代半"地空导弹

萨姆-21防空导弹(SA-21"小冰山/咆

2009年俄罗斯和格鲁吉亚的冲突中，被格鲁吉亚击落的俄军T-22"海盗旗"和SU-25"蛙足"战机就被俄军指出是由乌克兰秘密提供的萨姆-17（"山毛榉"）击落的，而并非之前格鲁吉亚一直对外声称的萨姆-5导弹所为。这又为萨姆-17抒写了光辉的一笔。

哮者"Growler），俄称之为S-400"凯旋"地空导弹武器系统，属于第四代防空导弹系统，是现役和在研防空导弹中最先进的一种，可以对付多种空中威胁，包括各种作战飞机、空中预警机、战役战术导弹以及其他精确制导武器。

从20世纪80年代开始，苏联开始在极度保密的情况下研制萨姆-21，1999年2月成功进行了首次发射试验。2003年7月，俄罗斯空军总参谋长正式宣布，S-400的实弹实标试验取得了圆满成功。萨姆-21不仅能攻击高、远目标，还能对付低空飞行目标。无论是杀伤范围、杀伤效能，还是在杀伤目标的多样性方面都十分突出。在飞行速度和命中精度等方面均优于美国的"爱国者"3导弹。

萨姆-21防空导弹系统是一种具有防空和反导能力的武器系统，因其性能优于第四代地空导弹系统，所以俄罗斯军方称其为"四代半"地空导弹系统。

萨姆-22防空导弹

萨姆-22防空导弹（SA-22"灰狗"），俄罗斯称之为"铠甲"-S1，是一种改装自"通古斯卡"防空导弹系统的防空导弹系统，是用于替代"通古斯卡-M1"。

萨姆-22的外形更像"通古斯卡"系统，

萨姆-22防空导弹

而不像"铠甲"基准型系统。底盘和"通古斯卡"的底盘非常相似，炮塔实际上一样，区别只是"通古斯卡"炮塔的前部安装的是跟踪雷达，而萨姆-22是一套带有天线整流罩的光电装置，用于导弹制导。

阿联酋、叙利亚和阿尔及利亚等国从俄罗斯采购了"铠甲"系统，据称，希腊正在与俄罗斯协商采购该系统。KBP公司宣称，萨姆-22系统具有打击战机、无人机、巡航导弹、精确制导弹药、弹道导弹等空中目标。它能够抗拒强大的电子干扰；具有较高的生存力，能够幸存在大量使用"哈姆"反辐射导弹的环境；能够摧毁"战斧"巡航导弹、"白斑眼"2制导炸弹和"小牛"制导导弹等；能够打击固定翼、旋转翼战机、无人机等。它能在全天候条件下保持高度的效用性和可靠性。

云母防空导弹 >>>

在 2003巴黎航展上,法国马特拉公司展出的一种以空对空导弹为基础研制而成的"云母"防空导弹让人耳目一新。这种导弹尽管从表面看起来没有"爱国者"导弹那般风光,但就其实际战术性能而言,并不亚于前者,更让人感到不可思议的是其价格上却享有无与伦比的优势。拥有这么多的优势不得不让人惊奇之余多了几分关注。

配套硬件

"云母"导弹原先是作为护卫舰级别以下的轻型战舰的点状防空武器来使用的,因此,其尺寸上的要求就非常严格。"云母"导弹起先采用的是6联装菱形发射箱,其目标搜索跟踪制导雷达合而为一,具有很强的独立作战能力,在3000吨以下舰艇上可以按模块化布置,既能与舰艇指挥中枢相连,又可在舰艇指挥中心失灵时各自为战。"云母"导弹发射车重约26吨,配备有3—4名乘员(包括车长和2—3名操作人员),乘员均坐在车辆前部的作战舱内,舱内装有十分完善的指挥通信系统。

结构性能

"云母"导弹弹体为锐利的梭镖造型,4片折叠尾翼呈十字形分布主要用于稳定飞行,4片小前翼起到测量速度的作用,弹头采用无线电指挥控制系统,配备高爆破片弹头和近炸引信,可射出高密度合金破片,有效射程0.5—50千米,有效射高50—16000

米,可拦截速度为700米/秒、俯冲角为0—90度、雷达反射面积为0.01平方米的各种精确制导武器,包括空地导弹、巡航导弹、反辐射导弹和制导炸弹等,整个反应时间仅在15秒以内就可以完成。其搜索跟踪雷达系统的最大特点是处理器采用智能模块化技术,使全系统变成有人工干预能力的指令

↑ 云母导弹发射尾迹

法国陆军采购的"云母"车载型导弹，从2000年起与美制"霍克"导弹就混合部署在法意边境地区，其搜索跟踪雷达制导方式采用主动连续波制导方式，制导雷达采用J波段单脉冲式，具备移动目标显示(MTI)，频率捷变(FW)等抗干扰技术。

控制系统，使其抗干扰能力、目标识别能力、反应能力大幅度提高。

不断改进

针对海湾战争后对巡航导弹给人们产生的恐惧心理，马特拉公司特意提升了"云母"导弹的反巡航导弹能力，这主要是改进该导弹采用的雷达系统，采用脉冲压缩技术，将长而低功率的脉冲压缩成极短的强脉冲，使雷达的距离探测精度提高了10倍，雷达可

↑ 机载云母导弹

将巡航导弹反射的回波按照距离轴分成更多细小范围，运用高速计算机进行数字化多普勒处理，它不会因一个地方的杂波而让整个灵敏度降低。经过上述的刻意处理之后，可精确分离出每一个地形杂波，使其具有接近火控所需的精确度，指引导弹攻击来袭的巡航导弹。据官方称舰载型"云母"防空导弹曾在过去的多次试验中，成功地拦截了掠海飞行的反舰导弹，表现非常令人满意。

多才多艺

在当今世界由空空导弹发展成的防空导弹中，法国"云母"导弹是异常成功的一个例子。它不仅可以参加作战异常激烈的空战，还可以用于需要高度警惕的防空作业当中，更为难能可贵的是它还可以用做反巡航导弹。从一能到多能，都在"云母"防空

导弹身上得到了良好的体现，可谓多才多艺。"云母"防空导弹对技术资源充分开发利用，拓展了一条宽阔的导弹发展之路，给人们以后的研发导弹工作提供了很多有益的启发，不就得将来我们也将看到"云母"防空导弹给导弹界带来的新面貌。

兵器简史

"云母"导弹原是法国马特拉公司专为空军的"幻影"2000战斗机而研制的中近程空对空导弹，但是后来因为订货不足，马特拉公司希望这种导弹能成为法国陆海空三军都能采用的通用导弹。于是，从1998年2月起，公司就开始试验面对空型导弹。

兵器知识 > 麻雀家族最后的改型是 AIM-7R 型导弹
麻雀的设计需求来自 20 世纪 40 年代末

AIM-7 陆基麻雀导弹 》》》

作为二代空空导弹的代表，麻雀导弹奠定了现代中距空空导弹的基本设计布局：高弹径比使得弹体显得细长，减小了飞行阻力，使得导弹无需采用大推力引擎就能获得较高速度和较远航程；选择雷达半主动制导技术使得导弹在可靠性和命中精度之间获得了较好平衡。麻雀历经多次改进并衍生出了一大批跨国型号。

外形结构

麻雀导弹的外形从初始型号到最终型号变化很大，我们以使用最为广泛的 AIM-7E AIM-7F AIM-7M 型为例看看它们的外形结构，导弹为细长圆柱弹体，头部呈尖卵形，有 4 个全动式十字形三角弹翼位于弹体中部，4 个固定的三角形安定面位于弹体尾部。全动弹翼和安定面在弹身上的配置为串联 X-X 型。弹体内部从前到后依次为：雷达半主动导引头舱、自动驾驶仪舱、舵机舱、战斗部和引信保险执行舱，最后是火箭发动机舱。虽然后来麻雀家族经历了几次改进，但是弹体结构总的说保持了稳定。

"狗斗麻雀"

1969 年，AIM-7E-2 导弹开始服役，为了能在近距离空中格斗中派上用场 AIM-7E-2 导弹的引信做了很多改进，因此导弹被戏称为"狗斗麻雀"。通过上述改进，AIM-7E-2 型导弹增强了近距离作战能力，使得导弹在视线距离内仍能跟踪高速空中目标，并且保留了迎头攻击能力，这些在近距离空中格斗中有很大用场。可即使如此，在

AIM-7E

AIM-7E 型导弹在越南战场上最初表现很令人失望。其中原因很多，导弹的零部件在热带环境下受到很大影响，导致导弹可靠性受到影响；战斗机飞行员空战中运用技术不熟练等。整个越战中虽然 AIM-7E 导弹的命中率低于 10%，但是还是击落了 55 架敌机。

兵器解密

1972 年的"后卫"战役中，导弹的命中率也仅仅只提高了 3 个百分点——达到 13%。为了提高命中率，有的飞行员在攻击一个目标的时候干脆一口气把所有四枚导弹都打出去，期望能"瞎猫碰上死耗子"。此外导弹的可靠性也很成问题，最严重的问题是导弹存在"早炸"的现象，有时刚刚从载机飞出去 300 多米就会爆炸；很多飞行员们反映导弹的发动机也存在很多故障，有的导弹打出去会飞出莫名其妙的轨迹。

自从 AIM-7 陆基麻雀导弹诞生后，后续的中距空空导弹都采用与其相类似的布局。上图为 AIM-7F

AIM-7F

20 世纪 70 年代，伴随着麻雀导弹在越战中使用经验的累积还有电子技术的进步，新一代 AIM-7 型导弹的研发开始了。新一代麻雀导弹尝试突破以往对于雷达制导空空导弹的各种限制。其中 AIM-7F 型导弹于 1976 年开始服役，它的动力段配备了两级火箭发动机，发射距离有了很大提高；导引控制段由固态电子元器件组成，可靠性有了提高；此外还换装了大威力的导弹战斗部。即使做了如此多的改进，导弹还是为未来升级预留了空间。AIM-7F 型导弹是麻雀家族中很重要的一个型号，它的出现促使英国和意大利分别在麻雀基础上研制出更高性能的雷达制导空空导弹——天光和阿斯派德导弹。

英国天光导弹

英国航宇公司（BAE）于 20 世纪 70 年代得到了 AIM-7E-2 导弹的生产许可权，

开始生产天光导弹。天光使用马可尼公司生产的 XJ521 型单脉冲半主动雷达系统作为自己的导引头，其动力系统最初是 Mk52 mod2 火箭发动机，后期换成 Mk38 mod4 型。天光于 1976 年开始进入皇家空军服役，配备给鬼怪 FG.1/FGR.2 战斗机以及后来的狂风 F3 战斗机。此外天光还被出口到瑞典，装备该国的战斗机。值得一提的是后来 BAE 和汤姆森公司曾经尝试研发一款主动雷达制导版天光，可惜没有受到皇家空军的资助，因为后者决定采用其他型号的导弹。

◄■ 兵器简史 ■►

1963 年美国军队制定统一的导弹编号命名规则来改变导弹命名混乱的情况。于是麻雀系列被重新赋予编号为 AIM-7，该编号一直沿用至今。其中最初的麻雀 I 被命名为 AIM-7A 导弹，麻雀 II 被命名为 AIM-7B 导弹，而后续新型导弹则分别被命名为 AIM-7C、AIM-7D 导弹。

海麻雀舰空导弹 »»

海麻雀舰对空导弹是一种全天候近程、低空舰载防空导弹武器系统，主要用于对付低空飞机、直升机及反舰导弹，1969 年开始装备。采用半主动雷达寻的制导，最新改进型采用雷达和红外复合制导。战斗部为连续杆式杀伤战斗部，有效的杀伤半径 15 米，最大射程 22 千米，最大作战高度 3000 米，最大速度为 2.5 倍音速，全弹长 3.66 米。

海麻雀的诞生

20世纪60年代，美国海军计划发展一种比现有导弹系统小很多的短程点防御导弹系统，用以装备攻击型航母和轻型护卫舰，进行点防御。原来海军本打算发展RIM-46海上拳击手导弹用于点防御，但是1964年这个项目被撤消了。此时海军就将注意力转移到AIM-7E麻雀空空导弹身上了。

一架鹰式战机发射麻雀导弹

AIM-7E 是 1963 年开始生产的，它在原麻雀弹的基础上改用了 MK38 或 MK52 火箭发动机，射程大幅增加。当然，空对空导弹的有效射程很大程度上依靠于发射时的各项参数，如载机速度和目标的相对速度。麻雀空空导弹在迎头攻击时，在最佳的情况下射程能够达到 35 千米，但是尾追时大概仅有 5.5 千米。

AIM-7E 总共生产了大约 25000 枚，其各个批次之间也略有不同。鉴于 AIM-7E 的良好性能，美海军决定在 AIM-7E 空空导弹的基础上发展 RIM-7E 海麻雀系统，又称基本型海麻雀或者基本型点防御导弹系统。其导弹就是原封不动地采用 AIM-7E 空空弹，真可谓是麻雀"下海"。海麻雀的制导站和发射装置也因陋就简采用现有设备改装，其发射装置是经过改进的八联装阿斯洛克反潜火箭发射箱，火控系统主要是

MK115型手控式火控系统和MK51手控式跟踪照射雷达，系统总重约17.7吨。此型海麻雀由于需要手工操纵火控系统，因此反应时间较长，低空性能差，不能对付反舰导弹。1967年，RIM-7E进入美军服役。从此，美国海军就开始对海麻雀进行了无休止的改进。

不断的改进工作

海麻雀导弹的改进几乎是和同型空空导弹同步的。AIM-7E空空导弹研制成功后，雷锡恩公司发展了AIM-7F型空空导弹，其技术当然也运用在海麻雀上，这就是RIM-7F。其改进主要集中在导弹上，采用了新型的双推力发动机，这进一步增大了射程。此外它还采用了固态化的电子导引和控制系统，这也需要改进的脉冲多普勒雷达配合。后来导引头又加以改进，小型化的导引系统为装备重型的MK71战斗部腾出了空间，这种型号从1975年开始生产，一直持续到了1981年。从AIM-7F开始，这种导弹的官方编号也由麻雀Ⅲ改为简单的麻雀。实际上，RIM-7F的性能要比后来发展

的RIM-7H还要好。这或许是1974年美国海军计划发展RIM-101A的缘故，它实际上是先进海麻雀RIM-7E/H的派生型号，但是由于RIM-7系列的发展，这个项目还是被取消了。RIM-7F并没有存在太久，因为后来出现了更先进的RIM-7M。

1968年，雷锡恩公司着手对RIM-7E导弹进行上舰的适应性改进，期间比利时、丹麦、意大利、西德、挪威和荷兰六个北约国家也参与进来，研制了新型的舰上制导设备和发射装置，这就是RIM-7H北约海麻雀。该系统采用的RIM-7H导弹与RIM-7E相比外形改变不大，只是弹翼改成半折叠式，而尾翼则完全可折叠，从而能在较为紧凑的发射箱上发射。导弹内部也有一些改进，包括增加了一个飞行高度探测装置，改善了低空性能；加装了红外引信，提高了精度；装上了敌我识别器，防止误射。

发展型号

海麻雀系统发展了三种型号：基本型有

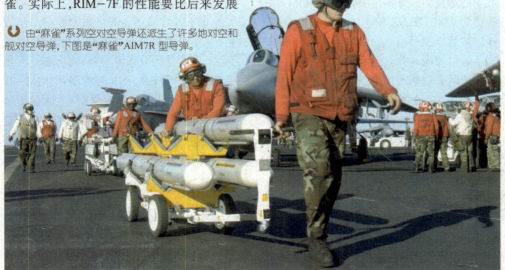

由"麻雀"系列空对空导弹还派生了许多地对空和舰对空导弹，下图是"麻雀"AIM7R型导弹。

🔊 2002 年，在"斯坦尼斯"号航空母舰上，"麻雀"被挂载于"黄蜂"战斗机上

20 世纪 50—60 年代初的"黄铜骑士"、"小猎犬"和"鞑靼人"低空面防御系统。为加强低空防御能力，海军自 1964 年将 AIM-7E 移植为 RIM-7E，基本型 1969 年服役，1972 年后被后继型号取代。20 世纪 60 年代末为了对付掠海导弹美国和北约国家于 1968 年开始联合研制改进型，代号为 RIM-7H。1977 年美国、加拿大和丹麦三国海军又联合研制了轻型先进点防御海麻雀系统，导弹以 AIM-7M 为基础结合垂直发射技术。到 1984 年海麻雀各个型号共生产 6345 枚，装备北约各国舰只。导弹呈细长圆柱形，头部为锥形，尾部为收缩截锥形。导弹采用全动翼式气动布局，两对弹翼配置在弹中部，起到舵和副翼双重作用，产生升力和控制力。两对固定尾翼用来控制稳定性，翼和尾翼均呈 X 形布置。基本形沿用 AIM-7E 的结构，但尾翼翼尖切去了一点，弹翼改为折叠式。轻型海麻雀由 AIM-7M 改进而来分标准型和垂直发射型，区别在于垂直发射型发动机尾部加装了燃气舵。

AIM-7M

1978 年，美国海军为进一步改进和提高麻雀空对空导弹的性能而独立研制了 AIM-7M，自然也有了其地面的对应型号 RIM-7M 高级型海麻雀。有人认为 M 代表单脉冲 (monopulse)，因此并没有 J、K、L 型号。该型导弹的外形和尺寸都和 RIM-7H 相似，其重要特征是采用带数字信号处理器的倒置单脉冲接收机，这使该型弹的抗地物杂波能力大增，首次具备了下视下射能力，能够有效对付掠海飞行的反舰导弹。此外，它使用了新型的数字计算机、自动驾驶仪和引信。自动驾驶仪使 RIM-7M 导弹能够按最优弹道飞行，只有目标机动到了一定范围外时，导弹才会实施机动，以节省能量。RIM-7M 的发射装置改为八联装 MK29 箱式发射系统，它也能够使用宙斯盾系统的 MK41 或者 MK48 垂直发射系统发射，其每个发射单元可以装 4 枚海麻雀。此后，对应改进的麻雀空空弹，海麻雀还发展了 RIM-7P 和 RIM-7R 两种型号。RIM-7P 实际上是 RIM-7M 的改进型。它大幅度地提高了电子系统和弹载计算机的性能，装备了新的导引头，并且增加了中段的数据链系统。其对付小型低空目标的能力增强。

改进型海麻雀 (ESSM)

如果说改进型海麻雀导弹本身同北约海麻雀有什么相似的话，那就是它们的名字了。改进型海麻雀 (ESSM) 针对 RIM-7 北

RIM-7H采用了更为轻便的MK29八联装发射装置和新型 MK-91 数字化火控系统和新型照射制导天线，系统总重只有 12 吨，可以装在快艇等小型舰艇上。此型导弹性能有较大提高，但不具备对付掠海飞行的超音速巡航导弹的能力，在强电子干扰情况下命中率也很低。

兵器解密

兵器简史

最初，曾经对海麻雀(ESSM)这种导弹有一种非官方的编号 RIM-7PTC，但是它真正的官方编号是 RIM-162，从这个编号也能看出，这是一种全新的导弹系统。ESSM 采用了大量现代导弹控制技术，惯性制导和中段制导，X 波段和 S 波段数据链，末端采用主动雷达制导。

约海麻雀进行改进的国际合作项目，概念设计于 1988 年由胡福斯和雷锡恩公司提出，称之为与海麻雀发射系统兼容的新型导弹系统，它可以对付高速高机动的反舰导弹。1995 年，美国海军宣布胡福斯为 ESSM 项目竞争的胜利者，随后它就联合雷锡恩公司一同进行设计。后来胡福斯公司导弹分部被雷锡恩公司收购，所以目前雷锡恩公司是 ESSM 项目的唯一承包商。RIM-162 是以 RIM-7P 为基础设计的，但是两者几乎没有什么相似的地方，前者应该算是一种全新的导弹。它是一种尾控(即正常式布局，控制舵面在尾部)的导弹，采用了类似标准舰空导弹的小展弦比弹翼加控制尾翼的布局方式，代替了原来的旋转弹翼方式。

ESSM 还采用了全新的单级大直径(25.4厘米)高能固体火箭发动机、新型的自动驾驶仪和顿感高爆炸药预制破片战斗部，有效射程与 RIM-7P 相比显著增强，这使 ESSM 的射程到达了中程舰对空导弹的标准。这种特殊的复合制导方式，可以使舰艇面对最为严重的威胁。

不同型号的海麻雀

目前，雷锡恩公司计划生产 4 种型号的 ESSM 导弹。RIM-162A 是计划用宙斯盾系统的 MK41 垂直发射系统进行发射的型号，每个 MK41 发射单元内可存放 4 枚 ESSM 导弹。RIM-162B 是用非宙斯盾舰的 MK41 垂直发射系统进行发射的型号，它设有宙斯盾系统的 S 波段数据链。RIM-162C 和 RIM-163D 则分别是由 MK48 垂直发射系统和 MK29 箱式发射系统发射的 RIM-162B 的改进型号。各种型号的 ESSM 飞行测试平台的试验工作于 1998 年 9 月展开。2003 年，ESSM 完成了在"小鹰"号航母上的试验，效果良好。

AIM-7 麻雀导弹

兵器知识

> AIM-9A 1953年9月试射成功
> AIM-9B 1956年服役，射程4.85千米

"响尾蛇"导弹 »»»

"**响**尾蛇"导弹是机动式低空近程全天候空对空导弹。"响尾蛇"是世界上第一种红外制导空对空导弹。红外装置可以引导导弹追踪热的目标，如同响尾蛇能感知附近动物的体温而准确捕获猎物一样，主要用于对付低空、超低空战斗机、武装直升机，以保卫机场、港口要地，也可用于对付巡航导弹，导弹具有半越野机动能力。

"响尾蛇"

如果没有携带任何武器，战斗机、武装直升机或轰炸机上采用的所有昂贵技术在战场上就没有多少用武之地。虽然枪炮、导弹和炸弹并不像军用运载装置那样昂贵或复杂，但它们是在战斗中发挥作用的终端技术。美国军械库中一种服役时间最长、最成功的智能武器，具有传奇色彩的是AIM-9"响尾蛇"导弹。体积小巧、结构简单的"响尾蛇"导弹借助惊人的独创性设计技术，实现了电子技术和爆炸威力的高效结合。美国"响尾蛇"系列共有12型，早期的"响尾蛇"性能低下，如越南战争中发射100枚，只命中10枚，在一次作战中还稀里糊涂敌我不分地打下了自己的飞机。现今的大部分导弹和炸弹已凭借其自身的功能特性成为十分卓越的飞行器。智能武器不只是能在空中飞行，它们实际上可以自己搜寻和追踪目标，完全实现了发射后不用管。

历史演进

1949年，美国福特航宇通讯公司和雷锡恩公司开始研制近距空对空导弹。最初空战导弹的雏形是把战机里面掏空，安上高爆弹药，再装上无线电等飞行控制系统，完成几百千米以外的攻击。后来红外空战导弹的研制开始提上日程。几年后，空战导弹初步成形，弹长近3米，直径一百二十余毫米，弹体由铝管制成。弹头前端玻璃罩内是寻的系统，由一组硫化铅热感电池及聚焦光

AIM-9"响尾蛇"导弹

学部件构成。寻的段后面是 4 片三角翼，可调控方向。导弹中段是爆炸段，由高爆炸药及引信组成。导弹后段是火箭发动机，外加 4 片尾翼。 1953 年，试射成功。1955 年开始装备美国空军，并将其命名为"响尾蛇"。1962 年，为了统一名称，美军给"响尾蛇"空战导弹一个正式的编号 AIM-9，基本型号是 AIM-9B，相继有 AIM-9C、9D、9G、9H、9E、9J、9N、9P、9L、9M 等 10 多种改进型，总共生产 10 万多枚。时至今日，"响尾蛇"成为世界上产量最大的红外制导空对空导弹，也是实战中被广泛使用的少数导弹之一，参

现役美军只有 AIM-9M 型，该型导弹提高了抗红外干扰的能力，可在各种气象条件下使用。

加过越南战争、马岛冲突和海湾战争。

先进的制导系统

"响尾蛇"空对空导弹，其功能与响尾蛇相同。它是利用硫化铅作红外敏感元件，接收喷气式飞机机尾喷管发出的波长为 1—3 微米的红外辐射流，引导导弹从飞机尾部进行攻击，它只需接收到热源的存在和方位，并不要形成目标的热像图。"响尾蛇"导弹在发射后利用目标本身的红外辐射进行自动瞄准和跟踪，直至最后击中目标。导弹的红外制导原理来自目标的红外辐射透过弹头前端的整流罩，由光学系统会聚后投射到红外探测器上（光敏元件），然后将红外辐射由光信号转变为电信号，再经电子线路和误差鉴别装置，形成作用于舵机的飞行控制信号，使导弹自动瞄准、跟踪和命中目标。这种导弹不受恶劣天气的影响，白天黑夜都可以使用，不必由人参与制导。其缺点是对目标本身的辐射或散射特性有较大的依赖性，需要在背景环境中将目标检测出来。"响尾蛇"一旦发现目标，就像照相机那样摄取下目标图像，贮存到装在导弹上的微型计算机中，作为基准图像。导弹发射后，红

🔥 F-16 战斗机发射"响尾蛇"AIM9L 型空对空导弹

新改进型。这种新型导弹与"响尾蛇"的其他任何型号都不相同,它弹身细长,没有弹翼,只有 4 个很小的矩形尾翼。AIM-9X 采用雷锡恩公司和休斯公司研制的先进焦平面阵列导引头,具有很强的抗红外干扰能力和良好的在杂波条件下的目标采集能力,其离轴发射角大于 90°。该弹簧有推力矢量控制系统,因此它的机动飞行能力极佳。美国已用F-16飞机挂载 AIM-9X 成功地进行了越肩发射试验,即导弹离开发射架后迅速爬升,接着掉头向后,从载机上方飞过,攻击尾追载机的敌方目标。AIM-9L 是美国吸取越南战争的教训,于20 世纪 70 年代初期开始研制的具有全向攻击能力的第三代"响尾蛇"空对空导弹,曾被誉为"超级响尾蛇"。该弹的外形与

外列阵探测器始终"盯着"目标。在导弹飞行中,以大约每秒25帧的速度连续摄取目标图像,并依次逐帧地把图像送入微型计算机中,与基准图像进行比较,如有差异说明导弹偏离了飞行弹道,计算机随之就把这种代表导弹飞行偏差的差异变成电信号,指令导弹舵机动作,把导弹修正到正确的弹道上来。

"响尾蛇"导弹展

AIM-9X 是"响尾蛇"导弹系列中的最

🔥 AIM9"响尾蛇"导弹是世界上第一种红外制导空对空导弹,它的出现甚至影响了一代战斗机的设计。

"响尾蛇"系列空对空导弹主要装备美国空军和海军,用于截击或空战,还向英国、法国、德国、意大利、荷兰等20多个国家和地区出口销售。"响尾蛇"系列的各型号空对空导弹,先后装备于F-86、100、104、105、F-111,等战斗机和"美洲虎"等攻击机。

兵器解密

AIM-9B相似,舱段布局与AIM-9D相同,而弹翼和陀螺舵则与AIM-9H一样。它与AIM-9B外形的最大区别是:弹头较尖、前舵面由三角形改为双三角形。其导引头采用氩制冷的锑化钢探测器,探测灵敏度较高,导弹能从前半球攻击目标,攻击角大于90°。

AIM-9X的优势

"响尾蛇"虽然凭借着自身的优势在空对空导弹中占据重要地位,但是"响尾蛇"也由其自身的弱点。在空战中,战机倘若不能全方位地对目标进行攻击,那么它的尾后便会受到威胁。在全方位攻击方面,俄罗斯的AA-11"箭手"近程空对空导弹因具有"后射"能力而领先于"响尾蛇"。为了保住空战优势,美空军决定开发具有偏离轴线性能的格斗导弹,改进"响尾蛇"。第四代"响尾蛇"AIM-9X在新世纪之初问世。AIM-9X采用先进的自动驾驶仪飞行控制系统,具有很高的机动控制能力。AIM-9X弹身细长,达3米,弹径0.127米,重85千克。因只有4个很小的矩形尾翼,空气阻力几乎减少了一半,马赫数超过3,速度更快。AIM-9X采用的新一代红外线导引头具有在晴空下更高的目标辨识能力,能清楚分辨是人工热源还是自然热源。AIM-9X在飞向目标过程中还具有抗干扰能力。它已经具有很好的偏离轴线射击能力,就是说不单会直线攻击还能选择不同角度甚至向后方

向攻击,因此飞行员能选择更佳机会攻击目标。以前各个型号的"响尾蛇"只能在20°角的范围内寻找目标,而AIM-9X可以在90°角的范围内寻找目标,能防御敌机从尾后偷袭。

作战应用

"响尾蛇"AIM-9L/M导弹挂在F-15C战斗机翼下巡航飞行,由驾驶员通过机载火控雷达和攻击电脑操纵导弹的发射与攻击。由载机电源通过发射装置给导弹供电;起动座舱中的制冷开关在最佳温度范围内给红外探测器连续制冷。进入空战状态时,驾驶员启动导弹发射电路。当识别、显示出目标时,位元标器电锁打开,开始跟踪目标;连续跟踪目标后,准备发射导弹。按预定发射程序进行。发射时,先启动弹上的热电池组,给引信中的目标探测器充电。最后,把热电池组的电压加到火箭发动机点火器上点火并接通引信电路。当导弹飞离载机达到安全距离时,引信解除保险。

"响尾蛇"AIM-9L 被陈列在博物馆内

> 兵器知识

> "海长矛"的鱼雷在20世纪80年代研制
> "海长矛"弹体后舱段用来放置发动机

"海长矛"反潜导弹 >>>

潜艇在海战中占有相当重要的位置,发展也相当迅速。因此,反潜任务显得非常重要。在众多的反潜武器中,鱼雷仍然是潜舰艇的克星,如果把鱼雷"导弹化"则更能极大地打击潜艇。于是,美国研制并装备了"阿斯洛克"、"萨布洛克"反潜导弹。随后,又要求反潜导弹远射程、智能化、大威力、高航速,于是"海长矛"导弹就诞生了。

研发策略

在众多的反潜武器中,鱼雷仍然是潜舰艇的克星,如果把鱼雷"导弹化"则更能极大地打击潜艇。于是,美国研制并装备了"阿斯洛克"、"萨布洛克"等反潜导弹。但是不久,新的变化又出现了,为了应付这些新的状况,人们不得不将目光投向了新的武器。因此能够及时满足人们新需求的"海长

矛"很快得到人们信赖并取代了"阿斯洛克"、"萨布洛克"等反潜导弹。"海长矛"由美国波音公司负责研制,是一种从水下在敌方防区外发射的弹道式反潜导弹。"海长矛"原称防区外发射的反潜导弹,在1979年10月开始进行探索性研究,1980年海军批准作为导弹型号发展,总费用为26亿美元。在经过一系列的探讨之后,"海长矛"的研发工作顺利展开了,在研制过程中人们还考虑到"海长矛"如果能从潜艇现有的鱼雷发射管发射,并能与艇上的现有数字式火控系统相配合,这样就大大地节省了研制经费,可使更多的潜艇与水面舰艇装备它。为了这个新目标,人们也做出了各种

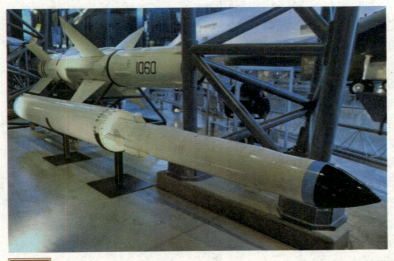

◀ "萨布洛克"反潜导弹

🎧 "阿斯洛克"由美国海军主管、杭尼韦尔公司研制、水面舰艇发射的短程弹道式反潜导弹,弹上没有自动驾驶仪等制导系统,因此又称为火箭助推核深弹或火箭助推鱼雷。

的努力,正是这些付出让"海长矛"更加具有自己不同的魅力。

突出特点

"海长矛"导弹全长 6.55 米,弹径 0.445 米,翼展 0.88 米,最大射程超过 100 千米,最大弹道高 30—50 千米,全程飞行时间大于 3 分钟,导弹发射重量 1500 千克,战斗部重 400 千克。"海长矛"导弹的发动机长 2.5 米,外径 0.445 米,总重 700 千克,工作时间 3—5 分钟。"海长矛"的制导方式为惯性制导,制导装置由惯导装置、微处理机、电子线路及伺服舵机组成,其体积为直径 440 毫米、高 400 毫米的圆柱体,导弹的卷曲弹翼仅起稳定作用,姿态控制依靠推力向量控制。"海长矛"导弹的主要特点是射程远、反应速度快,从发现目标到导弹飞临目标区仅仅需要 3 分钟,而直升机飞临目标至少也需要 20 分钟以上,比之下"海长矛"真的是非常

优秀了。使用方便灵活是"海长矛"的又一大亮点,它既可以潜射又可以在水面发射,并且可以使用不同弹头,简化了装备序列。但有一点需要指出的是,由于"海长矛"射程太远,在飞行中又无法修正弹道,因此,这就对艇载探测系统和火控系统的要求与其他导弹相比大大提高。

"干发射"原理

"海长矛"武器系统包括"海长矛"导弹、导弹水下发射器、发射装置、目标探测装置、火控系统等。水下发射导弹可采用两种方式。一种是全裸水下发射,就是弹体不用任何包装,发射后裸露的导弹在水中航行、出水、在空中飞行,这种发射方式可称为"湿发射"。"萨布洛克"采用的是"湿发射"。另一种发射方式是将导弹装在一个容器内,容器装着导弹从潜艇中射出,靠浮力浮出水面,导弹点火从容器中射出。这种发射方式

在航母上装备的"阿斯洛克"反潜导弹

导弹不沾水，称为"干发射"。"海长矛"采用的是干发射。干发射的优点是导弹不必承受发射深度下的流体静压(由容器承受)，导弹始终保持干燥，可不必考虑导弹在水中的弹道设计，可以巧妙地靠容器的浮力构成一个力矩，从而控制容器的水下弹道，并能使容器前盖先浮出水面。缺点是导弹尺寸要小一些，须考虑导弹出水时与容器的分离问题，还必须设计制造出一个高强度、低密度的导弹容器。"海长矛"导弹所用的容器直径为533毫米，它由圆柱形筒体、前盖和后盖组成。为了达到高强度、低密度要求，容器筒体的结构较复杂，所用材料也较多。

鱼雷的助威

根据作战需要，"海长矛"可装鱼雷核水炸弹。这种鱼雷不是一般的鱼雷，有了它的加入，"海长矛"就如虎添翼更加厉害了。这是一种轻型鱼雷，1975年由霍尼韦尔公司水下系统分公司研制，1985年进行海上试验，之后装备舰艇。鱼雷航程60千米，内装67千克炸药，能定向爆炸，可对付潜深达

600米的苏联A级潜艇。鱼雷的动力为势动力，它利用金属锂和六氟化硫化学反应放出的势作为系统的第一回路。环绕锂反应器的螺旋管中的蒸馏水作为第二回路。高压蒸馏水经过加势，温度高达600℃成为过热蒸汽，用此蒸汽驱动汽轮机而推动鱼雷前进。废气经过冷凝器冷却后又返回螺旋管再加热，这样不断地重复循环利用蒸馏水就可以不向外排废气，有效地减小了鱼雷的噪声与尾迹，同时也不会因鱼雷潜深增加而引起背压加大，从而能提供与潜深无关的满功率。鱼雷还可发射一组多频段的纯音和频率调制脉冲，这种独特的装置可以有效地探测到目标的噪声和回波。

战前周密计划

携带"海长矛"的美国攻击潜艇在潜水巡游时，艇上的声纳探测系统在搜索水中目标，一旦发现目标，潜艇就测定目标的方位数据，并把此数据传输给火控系统的计算机。对于远距离的目标，则用"难驯的鲨鱼"系统来测定。此时，是利用飞机、卫星对目标进行探测，并将所测得的目标方位数据发送给地面数据处理中心进行分析处理，当确定该目标需要攻击时，就把目标数据再通过卫星发送给潜艇。当火控计算机接收到目

兵器简史

"海长矛"的目标探测装置主要有两种形式，一种是近距离艇上的声纳装置，另一种是探测远距目标的"难驯的鲨鱼"系统。在洛杉矶级潜艇上装的声纳装置是AN／BQQ-5多站声纳，它由主动声纳、拖线列声纳、被动式快速定位声纳和侦察声纳等组成。

"海长矛"导弹由弹体与尾翼、鱼雷或核深水炸弹、制导与控制系统组件、发动机四大部分组成，能攻击各种潜艇，也可攻击水面舰艇，射程65千米，攻击水下深度为600米。导弹运行的弹道为水下——空中——水下，它能在较恶劣的天气浪下作战。

兵器解密

标数据并确认目标已进入"海长矛"的作战半径时，就计算出"海长矛"的飞行弹道，并把飞行弹道数据输给"海长矛"，导弹按此飞行弹道就能飞到目标上空。发射人员通过发射台上的目标显示器来确定导弹的最佳发射时间，当最佳发射时间到来时就按下发射按钮，"海长矛"连同它的容器从标准鱼雷发射管中射出。"海长矛"是一种发射后不管的导弹，此后潜艇与导弹就无任何联系。

如何击中目标

"海长矛"发射之后，运载器在无动力情况下靠浮力渐渐浮出水面，导弹发动机在容器内会自动点火，同时容器前盖及时打开，导弹冲击容器向空中飞去。飞出容器后的"海长矛"会自动地先定位然后再向空中爬升。在空中飞行的"海长矛"由弹上的惯性导航系统指挥，按发射前确定的弹道作弹道式飞行。弹上的固体火箭发动机在推进剂燃烧完后就从弹体上脱落而掉入大海。此后导弹继续做弹道式飞行，导弹到达目标上空后，弹内的减速降落伞就自动地从导弹内弹出，由于降落伞的减速作用，把与降落伞连在一起的鱼雷从弹体内拉出。在降落伞的作用下，鱼雷慢慢降下落入水中，入水时降落伞自动与鱼雷断开。鱼雷入水后，它的推进系统、寻的系统与操纵系统都启动工作。由寻的系统搜索目标，搜索到目标后就由操纵系统把鱼雷导向目标，直到击中。

❂ "海长矛"反潜导弹 UUM-125

兵器知识

> SM-2 BlockI 型导弹编号为 RIM-66C
> SM-3 的研制工作由雷锡恩公司负责

标准系列舰空导弹 >>>

标准系列舰空导弹是美国海军为取代 RIM-2"小猎犬"和 RIM-24 "鞑靼人"舰载防空导弹，于1963年开始研制的中远程全天候舰队防空系统。"标准"防空导弹可以攻击中高空飞机、反舰导弹及巡航导弹，必要时还可攻击水面舰艇。不但成为美国海军的主要防空系统，而且还装备在其他十几个国家和地区的多艘舰艇上。

"标准"导弹

经过多年不断地探索与改进，"标准"导弹的队伍已经非常壮观了，成为拥有数十种型号的庞大家族。"标准"系列导弹主要分Ⅰ、Ⅱ、Ⅲ型三大系列，每个系列之下又分为多种型号，而随着"标准6"、"标准4"等新成员的加入，日益庞大的"标准"导弹家族已由最初的防空型导弹发展成了真正集攻防于一体、通用化、标准化的全能型导弹家族。最早投入使用的是"标准"Ⅰ系列(SM-1)，目前该导弹已经退役，在整个家族中现在还处于主导地位的要算两员老将，"标准"Ⅱ、"标准"Ⅲ型了。

"标准"Ⅱ型

"标准"Ⅱ型是作为美国海军"宙

斯盾"防空系统拦截弹，在SM-1型的基础上研制的。"阿利伯克"级导弹驱逐舰目前装备的就是这个系列，SM-2系列采用了惯性中程制导，中程修正加半主动雷达自动

美国的"爱国者"导弹防御系统除了可击落来袭的飞机外，就是对来袭的导弹也有一定的防空能力。

"标准" IV (SM-4) 对陆攻击型导弹是由 SM-2 Block II 和 SM-Block II I 型导弹改进而来，装备有先进的全球定位制导系统以及 MK125 改进型弹头，同时具有超音速飞行能力。这是一种大家非常看好的导弹，将在美国海军的近海火力支援 (NSFS) 中扮演重要角色。

在浓烟和火焰中，"标准"3 导弹正从"伊利湖"号巡洋舰上发射升空。

寻的制导的复合制导体制，由 MK41 垂直发射系统或 MK26 导弹发射器 (GMLS) 发射，而尾部弹翼主要负责控制飞行方向。此外，SM-2 导弹采用了先进的单脉冲导引头和数字计算机控制，有效地克服了 SM-1 导弹存在的一些缺点，同时又提高了射程、精度和抗干扰能力等。先后装备美国海军的 SM-2 系列有 BlockI、Block II、BlockIII、Blo-IIIA、BlockIIIB 以及 BlockIV 增程型等。

SM-2 BlockIV 增程型是在 SM-2 的基础上加装助推器而成的，编号是 RIM-67B 和 RIM-67C，最大射程达到 185 千米，最大射高 24000 米，弹长 8.23 米，弹径 346 毫米，弹重 1451 千克。

"标准"III (SM-3) 反弹道导弹

SM-3 型是美国海基战区导弹防御系统 (TMD) 的重要一环，用来拦截中、远程弹道导弹。该型沿用 SM-2 BlockIV 型的弹体和发动机，改装了第 3 级发动机以及加装全球定位和惯性导航系统，拦截方式则采用波音公司研制的"动能拦截弹头"(LEAP) 直接撞击目标，美国海军计划在"宙斯盾"舰艇上部署弹道导弹防御系统。

2005 年 7 月，有消息称，美海军与雷锡恩公司签订了一项价值 1.241 亿美元的合同，旨在生产、测试和向导弹防御局交付追加的 SM-3 导弹，以满足"宙斯盾"弹道导弹防御系统部署的需求。该合同是改进型 SM-3 Block IA 导弹的第一项生产合同。SM-3 Block IA 型导弹提高了导弹的可靠性和保障性，同时降低了导弹的成本。SM-3 导弹已经从工程研制阶段转换到生产加工阶段，并和 SM-2 导弹一起在雷锡恩公司导弹系统分公司的军工厂生产。

◀━━ 兵器简史 ━━▶

SM-2 BlockI 型导弹的编号为 RIM-66C，1978 年开始投入使用，1984 年停产。RIM-66C 和已经退役的 SM-1 BlockIV 型导弹非常相似，具有相同的制导和推进系统，所不同的是前者采用了新型的 Mk115 爆破杀伤战斗部，并加装了中段指令修正系统，导弹的有效射程也提高了，可以达到 46 千米。

> SA-12A"斗士"弹长7米，弹径0.8米
> SA-12A"斗士"弹头装药150千克

SA-12"斗士"地空导弹 》》》

"**萨**姆"导弹的厉害我们在前面早已见识，而"萨姆"导弹系列之中著名的有"斗士"之称的SA-12相信大家早有耳闻也一定期待已久，那么它究竟有着怎样的才能让大家一致推荐其为"斗士"呢？今天我们就一睹"斗士"的芳容，同时也小试牛刀看看"斗士"是否像自己的弟兄们一样确有其才，还是只会一些花拳绣腿的功夫，浪得虚名而已。

全能型人才

SA-12"斗士"是一种全面发展的全能复合型人才，能屈能伸的它可以轻松地攻击远、中、近程和高、中、低空的各个目标，它像长了多双眼睛，任何目标都逃不过它的天眼。SA-12"斗士"的这一超常能力得益于它采用的一部多功能相控阵雷达，这种雷达的作用距离约300千米，能同时搜索、跟踪、识别空中多批目标和制导多枚导弹攻击不同的目标，对于迎来的敌人SA-12"斗士"不会让它们其中的任何一个跑掉，都会用充足的弹药来款待这些"客人"。"斗士"具备多目标能力和低空能力，可击毁高性能飞机和战术弹道导弹，当年苏联也就是看中了这一点优势才用它来取代"萨姆"-4防空导弹的。

SA-12配置

SA-12是以导弹连为最基本的作战火力单元，每个连配有1辆指挥车、1辆制导雷达车、1辆备用导弹装填车和2—3辆导弹

⬆ SA-12防空导弹在严寒冬季准备作战

运输一起竖一发射车。多功能相控阵雷达作用距离达270千米，能同时跟踪多个目标，制导多枚导弹，并能实施有效的干扰。导弹运输一起竖一发射车是一种重型履带车，长9.3米，宽4.5米，高3.4米，总重24吨，公路时速60千米，最大行程可达500千米。每车装有一座四联装导弹发射装置和一部导弹制导雷达。战时，发射装置竖起进行垂直发射，制导雷达为避免顶部盲区也竖起直立工作。SA-12的最大特点就是克服了萨姆导弹以往那种傻大黑粗的缺点，而变得设计简单、组合紧凑，而且技术性能更加先进。

SA-12的前期可行性论证开始于20世纪60年代初。苏联陆军火箭炮兵总部下属的第三研究所于1963—1964年首次完成了陆军防空体系的系统总体论证报告。但随后遇到了一些新的问题，以至于1969年5月27日，SA-12的反导、反飞机通用战术技术等要求才被下达。

兵器解密

与SA-12B

SA-12A和SA-12B虽然是一对双胞胎，但两者却各有特点。SA-12A导弹兼备反导和反飞机性能，最大射程75—90千米。SA-12B导弹的弹体大，装有较大的固体燃料火箭发动机，主要用于反弹道导弹，最大射程为100—200千米。两者的运输——起竖——发射车大体相同，主要区别有两点：第一，待发导弹数量不同。SA-12B的装4枚9M83导弹，SA-12A的装2枚9M82导弹。第二，车上照射制导雷达构型不同。在SA-12A的车上，雷达装在可折叠杆的顶部，使之能实现方位上360°和高低上全半球形覆盖；在SA-12B的车上，雷达则半固定式安装在厢体上，其覆盖范围为方位上两侧各90°，高低上110°。

❖ SA-12防空导弹是一种机动式全天候型高空、远程地空导弹系统。

◀◀◀ 兵器简史 ▶▶▶

SA-12"斗士"地空导弹，苏联编号为S-300V，是苏联"安泰"（Antey）研制与生产联合体研制的一种机动式全天候型高空、远程地空导弹系统。该导弹从20世纪70年代中期开始研制，1984年完成研制试验的全部工作，1986年开始投入生产，1987年开始装备于部队，正式服役。

综合实力

SA-12A突破了一种防空导弹系统只配置一型导弹的传统模式，创造性地将两种不同射程及射高的防空导弹集成到一个武器系统中。两种导弹配用不同的发射车，但在作战时作为一个整体来指挥控制。SA-12A配用的导弹采用串、并联复合制导体制，初段采用程序控制、中段采用惯性制导加指令修正制导、末段采用半主动雷达寻的制导，确保了全程精确制导，利于对付战术弹道导弹之类的高速目标。导弹采用了可形成两种破片的定向杀伤战斗部和双波束无线电引信，使一种导弹可同时对付弹道式和空气动力式目标。导弹脱靶方向的识别由导引头通过测量视线角速度来进行，使战斗部威力提高了15倍，这在防空导弹发展史上可谓首创。

兵器知识

> "米卡"的雷达型大批量生产始于1996年
"米卡"空空导弹最大射程为50千米

"米卡"空空导弹 »

"米卡"(MICA)系"拦截与空战导弹"是马特拉公司于20世纪80年代自行研制并装备部队使用的第四代空空导弹,以取代"马特拉"超530F和超530D中距拦射导弹和R550"魔术"2近距格斗导弹。早在1979年,马特拉公司就研制成功"马特拉"超530D并改进发展"魔术"R550空空导弹。

正在飞行的战斗机上挂有8枚"米卡"

招牌,独特的设计思想、优良的性能使其成为各国现役第四代空空导弹中的佼佼者。"米卡"空空导弹的全称为"'米卡'拦截与格斗导弹"从它独具匠心的名字我们就可看出它的多用途特征。

研制背景

由于长期以来与欧洲各国不尽相同的国防指导方针,法国建立了完整的国防工业体系,海陆空三军主战装备基本自给,即使在"冷战"高峰美式装备泛滥欧洲时,法国也不为所动。20世纪末,随着欧洲一体化进程的加快,法国国防工业与其他欧洲国家之间的联系开始加强,联合研制成为这一时期欧洲武器生产的主流。"米卡"导弹从独立研制到合作发展充分体现了这一历史进程。"米卡"空空导弹堪称法国导弹科技的

性能特点

"米卡"的最主要特点是,首次将中距拦射与近距格斗双重任务集于一身,进一步地扩大了该导弹的战术使用范围。在近距格斗时,可以采用主动雷达型并在发射前锁定目标,也可以采用红外成像型在发射前或发射后锁定目标,从而获得发射后不管的能力。在中距拦射时,采用主动雷达型,其制导体制为初段惯性制导、中段载机指令修正、末段主动雷达制导,与机载边跟踪边扫描雷达配合,可以同时攻击6—8个目标。另外,该弹采用正常式气动外形布局,沿弹体配置带矩形边条翼的长弹翼和尾舵,火箭发动机喷口内装有4片偏转舵,与气动力控制舵面相结合,使导弹获得

MBDA 公司将一种射程 50 千米的空空导弹改进为射程 10 千米的近程防空导弹，一举消除了空空型"米卡"两头兼顾但两头都没兼顾好的弱点。从商业角度讲，空空型"米卡"的成功出口，使国际市场上的买家对这种新研制的垂直发射型"米卡"完全没有后顾之忧。

兵器解密

兵器简史

1981 年年底，"米卡"拦截与空战导弹的研制工作正式铺开，研制计划一步步进展得相当顺利，到 1994 年幻影-2000 战斗机开始搭载"米卡"红外制导型进行空中试验。1995 年，"米卡"红外制导型空中试射成功。1997 年，"米卡"红外制导型弹通过定型，并于 2000 年开始大批量生产。

较大的机动能力。

不同型号

根据制导方式的不同，"米卡"导弹分为两种型号——"米卡"主动雷达制导型（"米卡"RF）和被动红外制导型（"米卡"IR）。两者在外形上的主要区别是头部整流罩形状，"米卡" RF 型装有尖锐的陶瓷制雷达天线罩，"米卡"IR 的则是钝头的玻璃整流罩。两种导引头都具备一定抗干扰能力。"米卡" RF 型的导引头作用距离为 15 千米左右，"米卡" IR 的被动红外导引头是由法国 SAT 公司研制的双频段红外成像导引头，采用双频

段机电扫描方案和完善的信号处理技术，具有较远的作用距离和较好的抗干扰能力。

"米卡"近程防空系统

2000 年 7 月，法国宇航-玛特拉公司（"米卡"空空导弹的制造商）、西班牙航空制造公司(CASA)和德国戴姆勒-克莱斯勒航宇公司(DASA)合并，组成欧洲航空防务和空间公司 (EADS)。"米卡"导弹也就转归 EADS 公司的控股子公司欧洲导弹集团(MBDA)门下。随后，MBDA 接手了"米卡"导弹的后续发展工作。2000 年，在新加坡举行的亚洲航空展上，MBDA 首次公开展示了他们新研制的垂直发射型"米卡"防空导弹系统，MBDA 公司的市场销售经理当时称，垂直发射型"米卡"防空导弹系统已经进行了一系列成功的地面试验。2001 年，在法国朗德试验中心，垂直发射型"米卡"防空导弹进行了首次地面发射试验并获得了成功。

"米卡"空空导弹

> 美国最早开始研制反卫星导弹
> 1985 年的试验中目标卫星被击碎

反卫星导弹 >>>

在人类已经掌握了先进的导弹研制技术后,勇敢的人类再次将目光投向更大的目标。和以往那些目标比起来,卫星这个巨大的目标所含的技术要高出很多,因而也就需要人类投入更多的人力和财力。即使如此,这条路走起来还是充满了坎坷与不安。究竟人类能否随心所欲地走完这条路,这还需要长期考验。

什么是反卫星导弹

反卫星导弹是使用导弹攻击环绕地球轨道的人造卫星武器系统。这是一个力量无比强大的武器系统。导弹可以由地面或者是水面的发射平台发射,或者是由航空或者是太空飞行器在运到较高的高度之后发射。反卫星导弹主要针对的是军用卫星,尤其是在低轨道上进行侦察、在海洋侦测卫星等。目前在环绕地球轨道中部署反卫星武器的行动没有任何一个国家可以毫无顾忌地公开或是正面承认,然而包括美国与俄罗斯等有能力发射人造卫星的国家都可能掌握相关的技术或者是系统。

历史背景

20 世纪 60—70 年代中期,美国先后研究和试验利用核导弹反卫星的可行性,并且曾经一度部署过"雷神"反卫星系统。由于核武器的使用受到限制及可能给己方卫星带来诸多的不利影响,核导弹反卫星计划于 1975 年被迫取消了。人们又另辟蹊径试图通过新的道路来满足自己的愿望。很快,人们就找到了自己的新目标。从 20 世纪 70 年代中期起,美国开始转向研制非核反卫星武器。1978 年,美国国防部正式批准空军研制机载反卫星导弹。同年 9 月,开始部署反卫星导弹的具体研制工作。当美国开始这项工作后不久就开始酝酿来检测自己的研究成果的试验。

❶ 美国研制的 ASM-135A 反卫星导弹

美国当年试验的机载反卫星导弹,长约5.4米,直径0.5米,质量1196千克,由两级固体火箭发动机和寻的拦截器组成。寻的拦截器的长度和直径均为0.3米左右,质量十几千克。这枚机载反卫星导弹的弹头没有炸药,由F-15飞机从24000多米的高空中发射。

兵器解密

美国的F-15鹰式战斗机的发射载具上附有ASM-135A反卫星导弹装备

疯狂的实验

比较有名的公开发展与测试是美国以F-15鹰式战斗机为发射载具,进行反卫星导弹的研究和试验。这个计划的起源是对应当时苏联开发的反卫星计划。1979年渥特(Vought)公司获得一份研发空载反卫星导弹的合约,渥特公司利用SRAM-A导弹的推进段作为第一段与Altair III火箭作为第二段,加上红外线寻标器以及撞击弹头,共同组成ASM-135A反卫星导弹。20世纪80年代初期先由F-15携带导弹进行试验飞行,这些导弹都是瞄准预先设定的座标而

不是人造卫星。对卫星的试验发射只有在1985年9月12日进行过,目标是一颗1979年发射的珈马射线观测卫星Solwind P78-1。试验的结果很成功,弹头完全摧毁这枚卫星。

重大的转折

这种反卫星导弹本身形体小,不易被探测到,由于采用精确制导技术,具有灵活机动、反应迅速、生存能力强、命中精度高同时发射费用低等优点,对轨道高度低于1000千米的航天器有较强的攻击力。美国空军原计划1987年在兰利空军基地与麦科德空军基地部署两个反卫星导弹中队,由于各种原因美国国防部于1988年初宣布取消这项计划。1983年美国提出的"战略防御倡议计划",其目的是建立保护国土的战略防御体系,该计划重点研究的动能武器也可用于反卫星。1993年"战略防御倡议计划"被"弹道导弹防御计划"取代后,以反导弹为目的的动能拦截武器的发展将进一步地推动反卫星导弹技术的发展。

兵器简史

1981年美国空军完成了机载反卫星导弹的地面试验。1984年开始进行空中发射的飞行试验,至1985年共进行了5次。1985年9月13日,首次成功地用反卫星导弹击毁一颗在500多千米高轨道上的军用实验卫星。这次试验使反卫星导弹的研制向实效性方面迈进了一大步。

超视距作战 >>>

随着作战技术的日益提升,现代各种各样武器的巨大改进,直接的正面战争已经越来越不能满足实际的战争需要了。于是有人想到可不可以通过较远的距离,在双方不用直接碰面的情况下达到实际的作战任务。这样,一次战争史上的革命就展开了,超视距作战成为人们急于攻克的难关,摆在了人们的面前。

何谓超视距作战

所谓超视距空战是指敌我双方战斗机在目视范围之外,通过机载雷达搜索发现和截获敌空中目标,并用中远程导弹进行攻击的一种空战模式,包括使用望远装置,像是有放大功能的摄影机,协助观察与标定远距离目标并不包括在内。这个距离的长短目前尚未有明确而且统一的规定。目视距离极限一般在10—12千米之内,这是近距空战的上限,而超视距空战的距离一般在12—100千米范围内甚至在100千米以上。其中12—100千米范围内空战被称为中距空战,100千米以上的空战被称为远距空战,因此超视距空战包括中距和远距两种模式。

超视距雷达原理

雷达的波束是直的,而地球是圆的,导致有些目标难以看到,然而,超视距雷达波束弯曲可以克服地球曲率的影响,主要通过

在高技术战争中,"超视距"空战被称为重要标志之一,高深莫测,令人生畏。意味着还没有看到敌机时,就被对方的"超视距"导弹打下了。AIM-120具有"超视距"攻击能力,具有全向多目标攻击能力,并且可以"发射后不管"导弹完全利用自身的制导系统去发现目标,向目标攻击,让导弹自己去完成任务。

在未来空战中,超视距空战的比重将会上升,但它不可能代替近距空战,因而会出现两种空战模式长期并存的局面。各种性能更好的近距空空导弹(如美国的AIM-9X响尾蛇以及英国的先进近程空空导弹等)的不断涌现,也足以说明这一问题。

🔺 远距离测控雷达

选择合适的电波频段实现,分为天波超视距和地波超视距两种。天波超视距主要利用电离层对短波的反射效应使电波传播到远方,实现波束弯曲;而利用长波、中波和短波在地球表面的绕射效应使电波沿曲线传播的雷达,称为地波超视距雷达。天波超视距雷达的作用距离为1000—4000千米。地波超视距雷达的作用距离较短,但它能监视天波超视距雷达不能覆盖的区域,缺点是精度很低。二者使用的材料和普通的雷达一样,主要还是频率选择上的不同。后端的信号处理也有特殊的地方,必须考虑对各种杂波和干扰的抑制。

超视距空战

发生在20世纪80—90年代的几次大规模局部战争,使人们看到了超视距空战这一新的空战模式所带来的威力,并逐渐奠定了超视距空战的基础,但同时必须看到目前超视距空战尚有许多急需解决的技术性问题。再明显的就是在远距离上如何有效地进行目标识别?迄今为止还没有哪一个国家有效地解决了该问题。美国虽然有性能先进的空中预警机,但在1991年的海湾战争中,美国空军的F-15战斗机差点击落海军的F-14;1994年,在伊拉克北部禁飞区,在有空中预警机引导的情况下,F-15还是将自己的两架直升机击落,震惊了美国。因此,提高敌我识别能力将是今后长期的一个努力方向,而其能力不足将成为限制超视距空战发展的主要障碍。

新的障碍

F-117、B-2、F-22等隐身飞机的出现,给超视距空战构成了新的威胁。此外,机载反导武器、激光武器、自卫武器等新式武器的出现亦将对超视距空战产生影响,机载反导武器具有摧毁空空导弹的能力,机载激光武器的发展和应用将会具有更强的反导能力。而导弹逼近和告警装置等机载自卫武器的投入使用可为飞机及时报警,以便采取措施进行规避。这些新式武器的投入使用将减小超视距空战的作战效能。

◀ 兵器简史 ▶

超视距作战这个名词开始被广泛使用是在描述空对空作战上面,当战机对目标发射导弹的时候,飞行员不是可以直接看到目标,是需要完全依赖其他设备的协助才能够发射武器。目前超视距作战是指战机发射雷达导引的空对空,这包含半主动雷达导引和主动雷达导引两种。

对面导弹

　　自从第二次世界大战期间出现导弹，特别是20世纪50年代出现核导弹以来，导弹在军事上得到了广泛应用。世界各国都用各种类型的导弹装备军队。导弹对军队武器装备、军事战略战术、科学技术进步和人类社会生活产生了巨大的影响。导弹有多种分类方法，其中，对面导弹是按照导弹发射点和目标位置的不同而分出的一类导弹。

> 巡航导弹早期被称为飞航式导弹
> 目前的巡航导弹不能全天候作战

什么是对面导弹 》》》

通常导弹按照发射地点和目标位置的不同，可以分为面对面、面对空、空对面和空对空四大类。发射点和目标的位置可以在地面、地下、水面(舰船上)、水下(潜艇上)和空中。我们约定的地面(包括地下)和水面(包括水下)统称为面。所以，对面导弹包括面对面导弹和空对面导弹。

面对面导弹

面对面导弹按照发射点和目标位置的不同，又分为地对地导弹、舰对地导弹、舰对舰导弹、岸对舰导弹、舰对潜导弹和潜对潜导弹。弹道式导弹和巡航导弹是这类导弹中的两种主要导弹，多用于攻击战略性目标，所以射程都比较远，可达数千乃至上万千米以上。弹上装载有大威力的核战斗部，是对敌方进行核打击的主要武器。

弹道式导弹

弹道式导弹采用火箭发动机作为动力，发动机只在导弹开始时一小段弹道上工作，对导弹的控制也在这一小段弹道上进行，即控制导弹从发射台上垂直起飞数秒钟后逐渐按规定的程序角规律转弯。当转弯达到某一要求的角度，同时导弹的飞行速度也达到某一要求的值，发动机便停止工作，弹头与弹体分离，所以把这一段弹道称为主动段弹道。此后，弹头与弹体就在很长的一段弹道上既无动力也不进行控制，就像抛射体一样做惯性自由飞行，所以把这一段弹道称为被动段弹道。

早期的弹道式导弹都用液体推进剂，这种液体推进剂(如液氧和酒精)是在导弹临发射时才向弹上加注的，因而发射阵地上得

“和平卫士”导弹为分导式多弹头洲际弹道导弹

兵器解密

"弹道"一词最早来源于希腊文,原意即为"抛射",所以把这种具有抛射体飞行轨道特点的导弹称为弹道式导弹。弹道式导弹这个名称是根据早期这种导弹的弹道特点而取的。

有推进剂贮存、运输和加注等设备,这不仅使导弹地面设备庞大而复杂,而且发射准备时间很长,所以到20世纪50年代后期发展的弹道式导弹改用可贮存"预包装"液体推进剂(如四氧化二氮和混合肼)或固体推进剂了。这样的导弹随时都处于战略发射状态。用固体推进剂的导弹不仅在使用上非常方便,而且导弹的结构相当简单,导弹的发射准备时间较短。

近代以分弹头为主要特征的弹道式导弹,它的一个母弹头可以分成很多可制导的子弹头导向不同的目标,这不仅有利于突防和生存,而且提高了对目标的摧毁概率。弹道式导弹的发射环境和方式有多种,除地下发射井外,还有由水下潜艇、飞机以及地面机动车辆上发射的。

美国民兵洲际弹道导弹

巡航导弹

大部分航迹处于"巡航"状态的导弹称为巡航导弹。它的外形与飞机很相像,一般采用空气喷气发动机作动力,其航迹大部分是水平飞行段。现代巡航导弹的特点:一是起飞质量小,约为20世纪50年代同样导弹的1/10。二是命中精度高。采用主动雷达、红外成像以及景象匹配末制导,使命中精度达到10米级。三是突防能力强。导弹尺寸小,采用吸波的复合材料,缩小了雷达反射面积;超低空飞行;采用机动多变弹道,避开了防空武器的拦击。四是通用性好,能攻击多种目标。五是成本低廉,可大量部署。

兵器简史

早期的巡航导弹结构笨重,精度低,由于飞行高度比较高,飞行速度低,易被对方雷达发现并遭拦截,1958年前后大部分退役。20世纪70年代初,美国和苏联又都开始加紧研制现代巡航导弹,并于80年代装备部队。

> **"陆军战术导弹"首次使用于越南战场**
> **目前三十多个国家装备了地对地导弹**

地对地导弹 >>>

随着高科技的迅速发展,战场上的武器装备也在随之变化。为适应新的战场形势的发展和变化,世界各国普遍重视发展远射程、大威力、高精度武器,特别是地对地导弹系统。地对地导弹是指从陆地发射打击陆地目标的导弹。它携带单个或多个弹头,具有射程远、威力大、精度高等特点,已经成为战略核武器的主要组成部分。

⚫ 1944年,在伦敦上空飞行的V-1导弹。

"喷火的怪物"

1944年6月13日,也许很多英国人都不会忘记这一天。当人们还沉浸在诺曼底登陆胜利的喜悦之中,伦敦的上空呼啸着飞过了几个喷着火焰的怪物,随着几声巨大的爆炸声,街道顿时成为一片火海。人们被这突如其来的一切震惊了,呆呆地站着那儿,没有人知道这是怎么回事,那些怪物到底是什么。

现在,我们大多知道这些威力巨大的怪物便是被德国人命名为V-1的飞航式导弹和V-2火箭助推导弹,虽然它们并没有挽救希特勒失败的命运,但对于后来武器的发展以及战争的模式都产生了极其深远的影响。

导弹的组成

地对地导弹由弹头、弹体或战斗部、动力组织和制导系统等组成,它与导弹地面指挥控制、探测跟踪、发射系统等结构构成地对地导弹武器系统。地对地导弹的发射方式有地面和地下、固定和机动、垂直和倾斜、热发射或冷发射等区分。地对地导弹有的打击地面固定目标,有的打击地面活动目标,有的打击地面面(软)目标,有的打击地面(地下)点(硬)目标。可采用地面、地下、固定、机动、垂直、水平、倾斜及自力、外力等多种发射方式。

导弹大家族

地对地导弹是导弹家族的一个重要组成成员,第二次世界大战末期德国使用的

地对地导弹与机载、舰载导弹相比，定位容易，地面上发射点的位置、发射方位和重力异常等数据都可预先精确测定，能较好地保证导弹初始瞄准的精度，但机动性和生存能力不及机载、舰载导弹。

兵器解密

◆◆◆ 兵器简史 ◆◆◆

在海湾战争中，"陆军战术导弹"首次投入战场使用。它是美国现代化计划中第一部装备并投入战场使用的纵深火力武器系统。它的最大特点是通过改进后的M270式多管火箭炮进行发射，节省了"长矛"导弹原来的部队费用。而且其发射隐蔽，从而提高了导弹系统的生存能力。

V-1和V-2导弹是最早问世的地对地导弹。而后性能不断提高，种类不断增多。地对地导弹按飞行弹道可分为地对地弹道导弹和地对地巡航导弹；按作战使用可分为地对地战略导弹和地对地战术导弹；按射程可分为地对地洲际导弹（射程在8000以上）、地对地远程导弹（射程在3000—8000千米）、地对地中程导弹（射程在1000—3000千米）和地对地近程导弹（射程在1000千米以下）。

地对地战略导弹是战略核武器的主要组成部分，它通常携带单个或多个核弹头，射程远、威力大、命中精度高，用于打击各种战略目标。地对地战术导弹是地面部队的重要武器。它携带常规弹头(战斗部)或核弹头(核战斗部)，尺寸小、质量轻、射程近、机动性好，可用汽车、火车、飞机、舰船运输，陆地机动发射用于打击战役战术目标。

导弹的发展

1991年，美国的"陆军战术弹道系统"取代了"长矛"战术地对地导弹。1992年，法国新研制的"哈德斯"导弹开始逐渐取代"普鲁东"导弹。朝鲜"劳动"-1导弹是在飞毛腿-B导弹的技术基础上由朝鲜自行研制的中程弹道导弹。

此外，还有许多国家都加快了导弹的发展速度。例如，巴基斯坦的"哈特夫"Ⅰ、俄罗斯的SS-21"金龟子"B、印度的"普里特维"SS-150、阿根廷的"阿里克林"和埃及的"普鲁杰克特"T等地对地战术导弹都是在这几年内开始装备部队的，另外还有十几个新型号也都是在这两年中首次列入研究计划的，如韩国的KSR100、俄罗斯的SS-21"金龟子C"、印度的"普里特维"SS-350和伊朗的改型CSS-7等。

⬆ V2 火箭发射升空

> 地对舰导弹通常由舰对舰导弹改装而成
> 西方国家将"海鹰"1号命名为CSSC-2

地对舰导弹 >>>

地对舰导弹是从陆地上发射攻击舰船的导弹,也称岸舰导弹。它由弹体、战斗部、动力装置和制导系统等构成,射程数十至数百千米,飞行速度多为高亚音速。与岸炮相比,地对舰导弹具有射程远、精度高、威力大等优点,是海军岸防兵的主要武器之一。地对舰导弹通常配置在沿海重要地段和海上交通咽喉要道两侧,被称为海岸保护神。

早期岸防设施

在人类历史上,任何国家为了防备敌国的进攻都会在国境线部署重兵。到公元前后,为抗击敌国从海上入侵,在一些濒海国家陆续出现了岸防设施和兵力。14—15世纪,随着配备岸防火炮的濒海要塞的出现,岸防兵开始在一些军事大国逐步形成。18世纪以后,许多国家先后将岸防兵列入海军序列,正式组建海军岸防兵。到了19世纪,各军事强国的濒海岸段及要地都修筑有较为完善的防御火炮阵地,并在20世纪初达到最盛时期。

重要成员

20世纪50年代,苏联首先研制地对舰导弹,60年代后,法国、意大利、瑞典、挪威、英国等相继研制生产地对舰导弹。在马尔维纳斯(福克兰)群岛之战中,1982年6月12日,阿根廷部队从岸上临时阵地发射"飞鱼"导弹,击中英国"格拉摩根"号导弹驱逐舰,使其受创。

地对舰导弹从诞生到现在已走过了近半个世纪的历程,它和舰对舰导弹、空对舰导弹、潜舰导弹一起组成了反舰导弹大家族。然而,作为一种防御性武器系统,地对舰导弹具有许多自身无法克服的局限性,其发展速度远远赶

◖ 一艘航海护卫舰被"飞鱼"导弹击中后,慢慢倾斜于大海中。

兵器解密

地对舰导弹由飞机、直升机、舰艇或卫星进行中继引导时,可攻击雷达视距外的海面目标,它与地面指挥控制、探测跟踪、检测、发射、技术保障系统等构成地对舰导弹武器系统。其发展趋势主要是增大射程,研制机动式岸舰导弹,建立指挥控制中心和数据链传输系统等。

不上舰对舰导弹和空对舰导弹发展的步伐。尽管如此,地对舰导弹仍将是沿海各国岸防体系的重要组成部分,在新世纪继续扮演海岸防卫者的重要角色。

分类和配置

地对舰导弹通常分为固定式地对舰导弹武器系统和机动式地对舰导弹武器系统。固定式地对舰导弹武器系统的导弹及其发射控制系统,配置在坚固的永备工事内,有固定的发射点和射击区域,阵地分散隐蔽,能连续作战;为获得较远的作战距离,其目标搜索指示雷达通常配置在高地上。机动式地对舰导弹武器系统的各组成部分及其指挥操作人员装载于车辆上,战时可驶入预先或临时选定的阵地投入战斗,并可随时转移;为能连续作战,每个机动式地对舰导弹部队都拥有供应维修车和装载导弹的重新装填车。

"天王星"

俄罗斯研制的新一代地对舰导弹"巴尔"-E被西方称为"天王星"。该武器系统组成分为导弹 KH-35E、导弹发射车、导

运输装填车、指挥控制车和维护车几大部分。其弹体采用三组翼片设计,巡航飞行高度只有 10—15 米,极限飞行高度低界仅为 4 米,这样低的攻击高度让目前世界上所有舰艇都感到恐惧而无法拦截。它能躲过敌方雷达甚至红外线探测器的搜索,在自身雷达寻的加惯性复合制导作用下,最终准确命中目标。

据专家称,该导弹攻击能力、齐射击密度、连续发射间隔时间及稳定性、机动性、隐蔽性诸方面都堪称国际一流。系统中的导弹发射车、指挥控制车和运输装填车都采用白俄罗斯制造的"玛兹"7930 型载车,其动力和机动性闻名于世,故"巴尔"-E岸防武器系统的优势十分突出。

↻ "巴尔"-E 武器系统组成部分

> 舰对地导弹一般位于军舰的侧面
> "风暴阴影"是全球第一种隐形巡航导弹

舰对地导弹 >>>

舰对地导弹是指从水面舰艇发射攻击地面目标的导弹,也可攻击海上设施,是舰艇主要攻击武器之一。舰对地导弹与舰艇上的导弹射击控制系统、探测跟踪设备、水平稳定和发射装置等构成舰舰导弹武器系统。它通常由弹体、战斗部、动力装置、制导系统和电源等构成,采用复合制导,与普通舰炮相比具有射程远、命中率高、威力大等特点。

"战斧"舰对地巡航导弹

"战斧"舰对地巡航导弹由美国通用动力公司于1972年开始研制,1976年首次试飞,1983年开始部署在美国海军的攻击型潜艇和水面舰船上。带助推器的导弹长6.17米,不带助推器的长5.56米。弹径527毫米。由四个舱段组成。该弹具有较强的生存能力和攻击能力,会改变高度及速度,进行高速攻击。

"战斧"BGM-109C常规对陆攻击导弹,1981年年初开始研制,1982年年初装备潜艇,1983年6月装备水面舰船,主要用来装备攻击型核潜艇和护卫舰级以上的水面战舰,以攻击敌方海军航空兵基地指挥中心、桥梁、油库等陆上重要目标。导弹计划总产量为2643枚,制导系统为惯性导航加地形匹配加数字式景象匹配区域相关器(DSMAC)末制导。导弹配备高能弹头,射程1300千米,巡航高度15—150米,巡航速度0.72马赫,命中精度小于10米。

"战斧"BGM-109D布撒型对陆攻击导弹于1988年装备部队,射程875千米,巡航高度15—150米,巡航速度0.72马赫,配备子母弹头,装有近166枚BLU-97B小口径炸弹,其改进型为BGM-109F。

海军型"风暴阴影"

1996年,法国和英国开始联合开发"风暴阴影"巡航导弹。"风暴阴影"是一种采

"战斧"巡航导弹的命中精度可达到在2000千米以内误差不超过10米的程度

为了提高隐形性能，"风暴阴影"在距地面不到100米的低空突防，利用雷达的"盲区效应"大大提高了突破能力。"风暴阴影"巡航导弹大量采用人工智能技术，可以自动识别目标，还能避免打击错误目标，造成不必要的损失。

↑ 海军型"风暴阴影"巡航导弹

用隐身设计的远程巡航导弹，长5米，重1300公斤，射程达250千米，采用抗干扰的多重制导模式和规避雷达的"高——低"飞行模式，可在昼夜条件下对敌方加固目标发动精确打击。经过几年的不断研制和发展，2010年5月，在法国西南部朗德地区的比斯加奥斯，一枚海军型"风暴阴影"舰载巡航导弹首次从法国海军的"席尔瓦"A70垂直发射系统中呼啸升空，完成了该型导弹的首次成功试射。海军型"风暴阴影"导弹是远程空射型导弹的改进型，保留了空射型导弹的推进和制导系统，最大射程达到1000千米。

据称，这种先进的巡航导弹将装备法国和意大利联合研制的欧洲多用途护卫舰和法国的"梭鱼"级核潜艇、英国最先进的45级驱逐舰等，因此"风暴阴影"很有希望成为欧洲海军舰队的通用导弹。

最聪明的巡航导弹

"风暴阴影"在研制时采用了先进的景象匹配方式来取代数字地图的地形匹配方式，这种导弹存储了打击目标的照片，依靠卫星系统，沿着预定轨道飞行。接近目标时，它会把打击目标同存储照片进行比较，如果图像不一致，它就中止打击。新的制导方式可使巡航导弹不再过多地依赖全球卫星定位系统，即使全球卫星定位系统受到干扰或收到虚假信息时，导弹仍具有足够的精确度和可靠性。此外，景象匹配制导的运用还能有效提高导弹的反应时间。难怪科学家们特别钟爱"风暴阴影"，称它为"世界上最聪明的巡航导弹"。

兵器简史

早在1997年，英国国防部就与欧洲导弹集团签署合同，将"风暴阴影"整合到英军装备的"台风"战斗机上，随后还用其装备了"狂风"战斗轰炸机，甚至还计划将其作为F-35的挂载武器。该导弹批量生产后，法国、意大利和希腊空军也成为"风暴阴影"的用户。

> 潜地导弹是战略核武器的重要组成部分
> 舰对地导弹的发射准备时间需 10 分钟

潜地导弹 >>>

潜对地导弹是从潜艇上发射,攻击地面固定目标的战略导弹,其与潜艇的导弹射击控制、检测、发射系统和导航系统等构成潜地导弹武器系统。潜地导弹具有隐蔽性、机动性好、生存能力强、便于实施核突击等特点。潜地导弹主要用于袭击敌方政治和经济中心、交通枢纽、重要军事设施等战略目标。

发展历史

潜地导弹于 20 世纪 50 年代获得发展。早期的潜地导弹采用液体火箭发动机,只能从水面发射,射程近,精度差。60 年代出现水下发射的、采用固体火箭发动机的潜地导弹。此后导弹的射程不断增大,精度迅速提高。

英国基本沿用美国的产品,自己不专门研制。法国 1964 年开始研制,1971 年研制成功射程为 2500 千米的 M-1 潜地导弹,1974 年研制成功射程 3000 千米的 M-2 潜地导弹,1976 年研制成功弹头威力达 100 万吨 TNT 当量的 M-20,1985 年又研制成功性能最好的 M-4 潜地导弹。

美国从 20 世纪 50 年代中期开始发展潜地弹道导弹,到目前为止已研制成功"北极星"A1、A2、A3,"海神"C-3,"三叉戟"Ⅰ C4、ⅡD5 共三个系列六种型号的潜地弹道导弹。

苏联和美国一样,也是 50 年代中期开始研制潜地弹道导弹的。60 年代初期,苏联仅有 SS-N-4 和 SS-N-5 型导弹;到 60 年代末期发展有 SS-N-6 导弹;70 年代服役的导弹有 SS-N-8 系列;80 年代

被称为"当代潜艇之王"的美国"俄亥俄"级战略核潜艇所携载的弹道导弹的射程达到 10000 千米以上,可以全球攻击。

潜地导弹通常装在潜艇中部的垂直发射筒内，靠约10—15大气压的燃气、蒸汽或压缩空气弹出艇外，获得约45米/每秒的弹射速度。潜射巡航导弹可由潜艇的鱼雷发射管或专用发射筒发射。导弹在出水前或出水后点燃发动机，按预定的弹道飞向目标。

"三叉戟"Ⅱ型导弹威力大。导弹携带8枚W88/MK5分导式多弹头，总当量8×47.5万吨TNT，可攻击加固型目标。

中后期分别装备使用的SS-N-20和SS-N-23是苏联性能最为先进的潜地导弹。

分　类

潜地导弹分为潜地弹道导弹和潜地巡航导弹。潜地弹道导弹多用固体火箭发动机作动力装置，采用惯性制导或天文加惯性制导，携带核弹头。潜地巡航导弹通常用空气喷气发动机作动力装置，采用惯性加地形匹配复合制导，且携带的核弹头的威力较高。

发射原理

发射潜地导弹时，导弹置于导弹发射筒之内，发射筒垂直装于潜艇中部，有的在耐压壳体内部，有的则位于耐压壳体与非耐压壳体之间，一般每艇携12—24枚导弹。在水下30米处对发射筒外承受约3个大气压的水压，要想打开筒盖十分费力。为此，必须先用高压气进行筒内增压，使筒内外压力大致相等后便可轻而易举地开启筒盖。为了防止开盖时大量海水涌入待发的导弹发射筒，特地在筒口安装了一层水密隔膜。

发射时，导弹发射筒上盖打开。接到发射指令后，电爆管起爆，点燃燃气发生器，使其产生的高温高压气体从发射筒底部喷入筒内，在反作用力的推动下将导弹穿透水密隔膜后径直向上推出筒外。出筒后的导弹在第1级火箭的助推下直冲云霄，大约飞行了二三十千米之后第2级火箭进行接力助推，第1级火箭的助推器脱落，如此继续，将导弹推向外层空间，按预定弹道飞行后再入大气层对目标实施攻击。

在现代条件下，潜地导弹是战略核力量中生存能力最强的武器，其发展方向是：减少品种型号，提高质量，增大射程，扩大打击目标范围和提高生存能力；进一步提高命中精度和载荷能力，增大对硬目标的摧毁能力；改善发射和测控系统，缩短发射时间。

◄◄◄ 兵器简史 ►►►

1961年，美国在"乔治·华盛顿"号核动力潜艇上首次水下发射成功。美国先后研制出的"北极星"A1、A2、A3、"海神"(C3)、"三叉戟"-Ⅰ(C4)和"三叉戟"-Ⅱ(D5)六种型号潜地导弹，分别于1960年、1962年、1971年、1979年和1990年装备潜艇。

巡航导弹的发展 >>>

巡航导弹是指依靠喷气发动机的推力和弹翼的气动升力,主要以巡航状态在稠密大气层内飞行的导弹。巡航状态即导弹在火箭助推器加速后,主发动机的推力与阻力平衡,弹翼的升力与重力平衡,以近于恒速、等高度飞行的状态。巡航导弹主要由弹体、制导系统、动力装置和战斗部组成,它既可以作为战术武器,也可作为战略武器。

● 一枚 BGM109D 在空中飞行

竞争中的发展

巡航导弹可从地面、空中、水面或水下发射,攻击固定目标或活动目标。巡航导弹是在和弹道导弹竞争的过程中发展起来的。20 世纪 50 年代,美国和苏联都非常重视发展巡航导弹,但由于这种有翼导弹存在许多难以克服的缺陷,为了满足核战争准备及核威慑的需要,美国和苏联从 60 年代起就转向发展弹道导弹,一直到 70 年代中期以后,巡航导弹才得以迅速发展。目前,巡航导弹已成为美国三位一体核威慑力量的一根支柱,已作为核反击力量和常规攻击力量广泛

布置于欧洲前沿防线、海军水面舰艇、潜艇和空军的轰炸机。

美国的发展历程

战后至 20 世纪 50 年代末期,是美国发展巡航导弹的重要时期,这一时期先后研制的巡航导弹有"天狮星"、"斗牛士"、"马斯""大猎犬"、"鲨蛇怪"、"小海神"等,这一时期所研制的巡航导弹因存在飞行速度慢、体积大、命中精度低(有的圆概率误差达 9000 米)等缺点而停止发展,同时将发展重点移向弹道导弹。

20 世纪 70 年代初期,美国又重新开始研制第二代巡航导弹,其主要型号为 AGM

巡航导弹弹体包括壳体和弹翼等，通常用铝合金或复合材料制成。弹翼有固定式和折叠式，为便于贮存和发射，折叠式弹翼在导弹发射前呈折叠状态，发射后主翼和尾翼相继展开。制导系统常采用惯性、遥控、主动寻的制导或复合制导。

兵器解密

-86B 战略空射巡航导弹和 BGM-109 "战斧"系列巡航导弹。"战斧"系列巡航导弹共有多种改型：BGM-109A、BGM-109B、BGM-109C 是由水面舰艇或潜艇发射的对地攻击型战术导弹。BGM-109H 型和 L 型分别为空对地或空舰导弹；BGM-109G 为地面机动发射的巡航导弹。"战斧"导弹已部署在 140 余艘潜艇和水面舰艇上。

80 年代中期以来，美国开始研制"先进巡航导弹"和第三代巡航导弹，要求新型巡航导弹的战术技术性能要有质的飞跃，在射程方面要能达 4800—8000 千米；在飞行速度方面，虽可以马赫数 0.6—1 的速度巡航，但在特殊阶段必须能以马赫数 1—4 的超音速和 4—10 的高超音速实施攻击；在飞行高度方面，一方面把巡航高度降低到 30 米以下，一方面升高飞行弹道，最高可达 20 千米。此外，还要求进行隐形设计，以进一步减小雷达反射面积，提高导弹的突防能力。

◀▶◀ 兵器简史 ▶◀▶

1967 年 10 月 21 日，埃及海军用苏联制 SS-N-2"冥河"导弹从"蚊子"级导弹艇上首次发射，便击沉以色列一艘 2500 吨级驱逐舰，创下了世界上第一个用巡航导弹击沉舰艇的战例。

苏联的发展

与美国的巡航导弹比，苏联巡航导弹型号繁多而杂乱，导弹体积庞大而笨重，命中精度低，命中误差大，比美国巡航导弹差不多落后 10 年以上。第一代的巡航导弹是战后至 20 世纪 60 年代中期所发展的 SS-N-1、SS-N-2A／B、SS-N-3、"沙道克"等舰载型，以及 AS-1、AS-2、AS-3 和 AS-4 机载型。第二代巡航导弹有 SS-N-2C、SS-N-7、SS—N-9、SS-N-12、SS-N-19 和 SS-N-22 舰载型，以及 AS-4、5、6、7、8 等机载型。第三代巡航导弹是 20 世纪 80 年代中期以后装备和发展的导弹，主要型号是 SS-N-21 和 AS-15 型。另外，苏联还研制了新型舰载、机载和地面发射的巡航导弹，型号有 SS-NX-24、SSC-X-4 等。

◀ 正在空中飞行的"战斧"系列巡航导弹

兵器知识

> 现代巡航导弹命中误差半径不大于60米
> 巡航导弹易遭非制导常规兵器的拦击

巡航导弹的导向 >>>

巡航导弹能不能精确命中目标,关键取决于它的制导系统。制导系统就像导弹的眼睛一样,保证导弹准确地攻击到预定的目标。巡航导弹通常采用惯性导航、地形匹配制导、GPS制导和景象匹配制导等组合制导方式。有了精确的制导系统,巡航导弹便可以有选择地攻击高价值的目标,而且还能实现隐蔽飞行、绕道飞行和有效攻击目标。

"长眼睛"的导弹

1991年1月17日凌晨3时,美国海军"洛杉矶"级攻击型核潜艇、"密苏里"和"威斯康星"号战列舰、"提康德罗加"级导弹巡洋舰以及"斯普鲁恩斯"级驱逐舰从红海和波斯湾,连续向伊拉克首都巴格达和其他城市、桥梁、发电厂等重要军政目标发射了52枚BGM-109C"战斧"巡航导弹。导弹离舰后在距海面7—15米的高度巡航,进入伊境内后,又在距沙漠50米以下的高度飞行,都像长了眼睛一样各自寻找自己既定的攻击目标,因而取得了命中概率98%,命中误差不大于9米的良好战绩。

◄━━ 兵器简史 ━━►

第二次世界大战时期,纳粹德国研制的V-1导弹,射程仅240千米,命中误差就高达4800米。20世纪80年代末以后,由于GPS导航星全球定位系统投入使用,巡航导弹开始装定位接收机,即利用18颗定位卫星来修正其飞行弹道,所以命中误差进一步减小。

惯性导航

惯性导航是各类导弹广泛运用的一种制导方式,它是利用惯性运动这一原理,通过装在弹上的各种敏感装置自动测算导弹

↑ "战斧"巡航导弹在空中自行飞行。

一枚导弹射程1300千米以上，要把沿途地形全部做成数字地图输入计算机是不可能的，所以一般沿其飞行弹道确定三四个定位区予以修正，其余由惯性制导系统进行制导。在接近目标区之后，还要用数字式景象匹配区域相关器进行更为精确的末端制导。

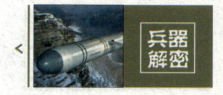

飞行中的每一瞬间位置，再与程序装置中预先确定好的飞行轨迹进行对照和比较，发现有偏差时立即计算出偏差量，然后控制自动驾驶仪将导弹移向预定飞行轨迹。惯性导航不依赖外界条件，载机、导弹和目标三者之间也不进行任何信息交换，所以一般很难干扰它。但这种制导有一大缺陷，就是积累误差问题，每小时能漂移750米，飞行距离越远，时间越长，误差越大，所以还要配备较高的导航系统，如地形匹配制导等。

地形匹配制导

当我们在陌生的城市寻找某一特定的目标时，往往依据的是每个区、每条街道、每幢楼房的编号，它就像邮政编码一样使人们寻找起来更加方便。所谓地形匹配制导也是利用这样一个原理。首先，必须用侦察飞机、侦察卫星等对预定攻击目标进行照相，获取导弹预攻目标及沿途航线上的地形地貌情报，并据此制

作专用的标准地貌图。例如，在一块10千米×2千米的长方形区域内，可以划成数千个小方格，在每个小方格内都标上该处地面的平均标高，如此计算，一幅数字地图便出现了。这幅预先测定的数字地图先存入弹体计算机。导弹飞行过程中，利用雷达高度计和气压高度计连续测量所飞经地区的实际地面海拔高度，并把这一数据输入计算机与预定弹道的相关数据进行比较，如发现已偏离预定飞行轨迹，计算机将需纠正的偏差修正量以指令形式传送给自动驾驶仪（类似于飞行员），便可及时地回到预定轨道上来。

数字景象匹配制导

数字景象匹配制导实际上和地形匹配的原理一样，地形匹配是通过测定飞行时的实际标高来修正航向。区域相关制导是通过测定各飞行区域内地面对反射电磁波的能力强弱及大小来修正航向的。

一枚"战斧"巡航导弹正在美国海军的一个测试基地发射升空

> 空对地对导弹的制导方式多种
> 空对地导弹主要集中在美国、苏联等国

空对地导弹 》》》

空对地导弹是从飞行器上发射攻击地(水)面目标的一种导弹,是现代航空兵进行空中突击的主要武器之一。空对地导弹主要由弹体、制导装置、动力装置、战斗部等组成,装备在战略轰炸机、歼击轰炸机、强击机、歼击机、武装直升机及反潜巡逻机等航空器上。攻击的目标包括地面有生目标、装甲战斗群、地面战略目标等。

正在发射中的空对地导弹

成功。1943年7月无线电遥控的 HS-293A-1 型导弹研制成功。1943年8月27日,德国飞机发射 HS-293A-1 击沉了美国"白鹭"号护卫舰,这是世界上首次用导弹击沉敌舰,它也是最早的空对舰导弹。20世纪50年代以后,空对地导弹有了迅速发展,在此后的多次局部战争中,空对地导弹取得了不俗的战绩。

早期的空对地导弹

空对地导弹最初是航空火箭与航空制导炸弹相结合而诞生的。德国首先研制出世界第一枚空对地导弹,它的主要设计者是赫伯特·A·瓦格纳博士。1940年7月,瓦格纳等人在 SC-500 型普通炸弹的基础上研制了装有弹翼、尾翼、指令传输线和制导装置的 HS-283A-0,它可看做是最早的空对地导弹,于1940年12月7日发射试验

性能和分类

空对地导弹具有较高的目标毁伤概率,机动性强,隐蔽性好,能从敌方防空武器射程以外发射,可减少地面防空火力对载机的威胁。

空对地导弹按作战使用分,有战略空对地导弹和战术空对地导弹;按用途分,有反舰导弹(空舰导弹)、反雷达导弹、反坦克导弹、反潜导弹(空潜导弹)及多用途导弹;按

"战斧"巡航导弹是一种高生存能力武器。雷达探测是很难发现的，因为它的截面积很小，再加上它是低空飞行；同样，红外线探测也是很难发现的，因为涡轮风扇发动机释放出的热量很少。

兵器简史

1981年9月15日，世界上第一批空射战略型巡航导弹正式装备美国空军使用，该导弹编号为AGM-86B，发射重量1450千克，射程2500千米，飞行速度每小时885千米，核弹头当量达20万吨TNT，它主要由B-52轰炸机携带，每机装12枚。这种导弹射程远，采用惯导加地形匹配制导，命中精度较高。

飞行轨迹分，有弹道式空对地导弹和机载巡航导弹；按射程分，有近程、中程、远程空对地导弹。此外，还可按制导方式、发射方式、动力装置类型等进行分类。

战略空对地导弹

战略空对地导弹是为战略轰炸机等作远距离突防而研制的一种进攻性武器，主要用于攻击政治中心、经济中心、军事指挥中心、工业基地和交通枢纽等重要战略目标。多采用自主式或复合式制导，命中精度高，最大射程可达3000千米，弹重数吨，速度可达3马赫以上，通常采用核战斗部。典型代表为美国的AGM-86B"战斧"空射巡航导弹，射程达2500千米。

战术空对地导弹

战术空对地导弹是种类最多、装备数量最大、在实战中应用最广的一种导弹。这类导弹主要指对地攻击型导弹，但也包括战术巡航导弹、反辐射导弹和反坦克导弹等。战术空对地导弹的重量一般在200—800千克之间，个别的达966千克（美国AGM-53A），最重的则达4077千克（苏联AS-5）；射程最远可达160—320千米（苏联AS-5）；飞行马赫数一般为1左右，最高可达3。

AGM130是美国1984年研制的空对地导弹

> "飞毛腿"是装备国家最多的导弹
> "侯赛因"也具备"飞毛腿"–D 的射程

兵器
知识

"飞毛腿"导弹 ≫≫

在 海湾战争中,"飞毛腿"导弹大出风头,因而被全世界人民所熟知。该导弹是苏联20世纪50年代研制的一种近程地对地战术弹道导弹,是德国 V–2 导弹的仿制品,有 A、B 两种类型,可装配常规弹头和核弹头,采用车载机动发射,A 型于 1957 年服役,B 型是 A 型的改进型,1965 年服役。

名字的由来

"飞毛腿"导弹首次出现是在 1957 年的莫斯科红场阅兵式上,导弹直径 840 毫米,长约 10.4 米,发射车用斯大林 II 型坦克改装而成。苏联将其叫做 P–17 型战役战术导弹,美国人则叫它 SS–1 型导弹,"飞毛腿"是北约国家给它起的名字。该导弹采用单级液体燃料火箭推进,最大飞行速度达到 5 倍音速,最大射程 160 千米,最小射程 80 千米,全重 4500 千克。它配用两种不同类型的战斗部,一种是常规战斗部,重 700 千克;另一种是核战斗部,重 400 千克。核爆炸的威力相当于 20 万吨 TNT 炸药。

8 年后的红场阅兵式上出现了另一种新战术导弹,它的外形与"飞毛腿"十分相似,只是长度增加了 0.6 米左右,西方专家分析这是"飞毛腿"的改进型,因此称它"飞毛腿"–B。

"飞毛腿"弹道导弹

装备有"飞毛腿"–B 的国家有阿富汗、亚美尼亚、阿塞拜疆、白俄罗斯、保加利亚、格鲁吉亚共和国、哈萨克斯坦、利比亚、波兰、斯洛伐克、土库曼斯坦、乌克兰、阿拉伯联合酋长国、越南和也门。

兵器解密

不断改进

伊拉克在 20 世纪 70 年代从苏联购买了"飞毛腿"–B 型导弹。伊拉克在引进"飞毛腿"导弹基础上研制了自己的型号，共有 4 种改型：飞毛腿导弹（Scud）、远程飞毛腿导弹（longer–rangeScud 或 ScudLR）、侯赛因（A–Hussein）和阿巴斯（AlAbbas）。除了那些几乎未经改造的武器之外，这些导弹并不成功，因为它们往往在飞行过程中崩解，并且只能搭载小弹头。除了伊拉克以外，埃及、叙利亚、利比亚等国也都拥有了这种武器。

20 世纪 90 年代开始，俄罗斯对"飞毛腿"–B 导弹进行重大改进，制成性能更好的"飞毛腿"–C 型导弹。外形尺寸基本相同，但战斗部重量从 1 吨减轻到 600 千克。火箭发动机增大了功率，最大射程增大到 550 千米，采用分离式战斗部，可保持较高的稳定性，从而可以提高命中精度。

战争中应用

"飞毛腿"导弹（包括派生物）是少数在实战中被使用的弹道导弹之一，发射总数仅

↑ "飞毛腿"导弹采用这种 8 轮式载重车作为运输、起竖、发射车，便于在公路上高速行驶，并且可以在发射以后迅速装弹。

次于 V–2 导弹。除海湾战争以外，"飞毛腿"导弹还曾被用于一些地区冲突，最显著的是在阿富汗的苏联军队以及伊朗和伊拉克的所谓"城市战争"。两伊战争中，伊拉克和伊朗相互发射大量"飞毛腿"导弹攻击对方的重要城市，就是军史上有名的"袭城战"，这也是"二战"后在局部战争中动用地对地弹道导弹数量最多、持续时间最长、作战效果最大、影响最为深远的一次。

1994 年的也门内战，1996 年及之前俄罗斯部署在车臣的军队，也使用了少数的"飞毛腿"导弹。

兵器简史

"飞毛腿"导弹在俄军中的最后一次实战应该是在车臣战争中，配合远程炮兵作战，发射了若干"飞毛腿"–B，按当前标准看，此导弹技术早已落后，在俄军中数量越来越少，已经接近退役状态，而今后都将被新一代战术导弹所取代。

"小牛"AGM65 空对地导弹 ≫

"小牛"AGM65 空对地导弹是美国为空军、海军及海军陆战队研制的空对地导弹,主要用于攻击坦克、装甲车、导弹发射场、炮兵阵地、野战指挥所、海上舰船等地面和水面目标。"小牛"AGM65 空对地导弹于 20 世纪 60 年代中期开始研制,1971 年生产,现有 A、B、C、D、E、F、G、H 等型号。

🔥 F/A-18"大黄蜂"携带的"小牛"导弹在"尼米兹"级航母的甲板上

作战飞机,一般可携带 6 枚导弹,发射架有 LAU-88/A、LU-88A/A 三弹发射架、LAU-117/A、LAU-108/A 发射架等。各种载机携带的导弹数量随其载弹量和作战任务而定。

由于"小牛"系列导弹能根据作战要求由不同的载机选择适用的导弹型号,因而具有全天候、全环境作战使用能力,抗干扰性能好,可靠性高,广泛用于现代战争,尤其是 20 世纪 90 年代由美国牵头发动的四次高技术局部战争,取得了较好的战绩。

装备情况

A、B、D、G 型分别于 1972 年、1975 年、1983 年和 1991 年装备空军,E 型于 1985 年装备海军陆战队,F 型于 1989 年装备海军。除 C 型未进入现役和 GM-65H 已经投产、即将服役外,其余型号有的已经停产,但均在服役,并大量外销出口。

美国的许多作战飞机都曾经装备有该系列的导弹,如,F-4、F-5、F-16、F-111、A-4、A-6、A-7、A-10、AV-8A、F/A-18、AJ-37、"阿尔法喷气"、"狂风"等其他国家的

各种作战方法

各型"小牛"AGM65 空对地导弹的作战使用方法不尽相同。A、B 型需在驾驶员截获目标后开启"幼畜"导弹摄像机并锁定目标,然后发射。导弹发射后载机可自由机动。C/E 型需激光照射器一直照射目标,直到命中。D、F、G 型更简单一些,只要使导弹导引头对准目标即可发射,载机可在飞机中改变航向,跟踪活动目标,也可快速连续发射。

该系列导弹采用两种战斗部与引信:A、B、D 型采用前端点火聚能装药喷流与爆

"小牛"AGM65空对地导弹的弹体为圆柱型，4个三角形弹翼与舵呈 X 型配置，动力装置为双推力单级固体火箭发动机，弹长 2.49 米、弹径：0.305 米。在弹重方面：A、B 型为 210 千克，D 型为 220 千克，E 型为 293 千克，F、G 型 307 千克。

兵器解密

破型战斗部，总重 58.7 千克，装药重 37.6 千克，装触发引信。C、E、F 型采用 MK19 钢制穿甲爆破杀伤战斗部，总重 136 千克，装触发或延时引信（可装定 3 个延迟时间）。

不同制导

"小牛"AGM65 空对地导弹的各型号外形相同，差别是采用不同导引头：A 型电视制导；B 型图像放大电视制导，对目标分辨率高，攻击精度高；C、E 型激光制导，需利用空中或地面激光器照射和指示目标；D、F、G 采用红外图像制导，红外导引头可感受微小的温差，对已停止工作几小时的热源目标和非热源目标有良好的发现和跟踪能力，对隐

兵器简史

在越南战争中，"小牛"AGM65 空对地导弹的早期型号被投入了使用，但由于受到自然条件影响，作战效果一般。到了 1973 年的中东战争，导弹性能大幅提高，以军发射的"幼畜"导弹命中概率为 85% 以上。

蔽和伪装的目标也有良好的识别能力。这种导弹靠自身导引头捕捉目标，具有"发射后不管"的能力。电子制导适宜在晴朗的白天使用，当发现目标后，飞行员通过电视摄像机的目标图像，发射并操纵导弹进行攻击；激光制导无论白天和黑夜都能使用，但在不良天气条件下使用效果不好。

🔸 "小牛"AGM65 导弹的电视制导方式受天气情况的制约，在恶劣情况下命中精度不高。

兵器知识

> SS-N-1可携带常规弹头或核弹头
俄罗斯侧重研究大型超音速反舰导弹

什么是反舰导弹 >>>

反舰导弹是专门用来打击军舰等水面目标的导弹，依据发射平台和运载工具的不同，可分为空对舰、舰对舰、岸对舰和潜对舰等多种类型，新研制的反舰导弹大多数实现了通用化，即一种基型有四种不同的发射方式改型，目前已发展到第四代。反舰导弹多次用于现代战争，在现代海战中发挥了重要作用。

早期发展

苏联是世界上最早研制反舰导弹的国家。20世纪50年代至60年代，苏联为了从岸上、空中和海洋沉重打击美国海军的航空母舰、战列舰和巡洋舰等大中型水面舰艇，研制了第一代反舰导弹。1959年，世界上第一枚装备使用的反舰导弹是苏制SS-N-1。

1967年10月21日，埃及使用"蚊子"级导弹快速攻击艇向以色列的驱逐舰"埃拉特"号发射了SS-N-2"冥河"式反舰导弹，击沉了该舰并导致多人伤亡。这是世界上第一个用反舰导弹击沉水面舰艇的战例。自从苏联战舰和轰炸机于20世纪50年代晚期装备了这种武器后，上述这些成功的攻击行动并不能使人们感到惊奇。苏联向其盟国出口了许多装备"冥河"导弹的"黄蜂"和"蚊子"级快速攻击艇以及装备AS-5"鲑鱼"反舰导弹的图-16轰炸机。

SS-N-2"冥河"式反舰导弹

"冥河"导弹击沉驱逐舰的事件发生后，开始引起世界各国的高度关注，于是兴起了一股发展反舰导弹的热潮。

发展高峰

20世纪70年代是反舰导弹发展的一个高峰，美国、苏联、法国、意大利和挪威等国相继研制了一批性能较高的第二代反舰导弹，其主要型号有"鱼叉"、SS-N-12、"飞鱼"、"奥托马特"等。80年代以来，随着高新技术的不断发展和运用，反舰导弹的战术技术性能有了很大提高，这一时期发展的第三代反舰导弹主要有：美国的"战斧"、苏联的SS-N-22、法国的SM-39潜射型"飞鱼"、

兵器解密

　　"安斯"超音速反舰导弹是一种全天候导弹，它比较小巧精干，弹长仅5.5米，弹重只有90千克，飞行速度可达2倍音速，最大射程180—200千米，可由舰艇、潜艇、飞机等任何平台携载，还可岸基发射。

◆ 反舰导弹示意图

英国的"海鹰""海上大鸥"、瑞典的RBS-15等。

主要特点

　　第一代反舰导弹的主要特点是战斗部装药量大，穿甲能力强，但飞行弹道高，体积大，抗干扰能力差，反应时间长，不太适宜攻击小型舰艇，且只能用于岸、舰发射。第二代反舰导弹的特点是体积小，可掠海飞行，反应时间短，能用飞机、舰艇、潜艇发射，但射程较近，一般都不到100千米，抗干扰能力也较差。第三代反舰导弹的特点是反应时间短，射程增大到500千米以上，一般也能进行中距攻击；除了多种平台均可发射，还能在水面舰艇和潜艇上垂直发射；并且还能够进行重复攻击，抗干扰能力增强。

超音速反舰导弹

　　目前在役的反舰导弹中只有俄罗斯的SS-N-2B／C、SS-N-3、SS-N-7、SS-N-12和SS-N-19等达到了超音速，西方各国反舰导弹还没有实现超音速。20世纪70年代以来，西方也开始研制超音速反舰导弹，主要型号是法德合研的"安斯"（ANS）、英国的"海鹰"和瑞典的RBS-15等。

◆ 兵器简史 ◆

　　俄罗斯的反舰导弹一般长达6—11米，总重达2300—7000千克，巡航高度为20—400米；而西方恰恰相反，追求的是轻巧、耐用、可靠、通用化和作战效能，不是一味贪大、求重、图快。

> "战斧"反舰导弹属于亚音速反舰导弹
> 海湾战争中,"战斧"首次被大规模使用

美军反舰导弹 >>>

如今,在全世界范围内已经有超过70个国家部署了海基与陆基发射的反舰导弹,有20个国家拥有空射型反舰导弹。反舰导弹目前已装备到了战舰、快速攻击艇、战斗机、轰炸机、潜艇等多种平台上,它们成为海战的重要攻击手段。其中,美国的反舰导弹以AGM-84A"鱼叉""战斧"BGM-109B、"小斗犬"AGM-12为代表。

"战斧"BGM-109B

"战斧"BGM-109B是美国国防部巡航导弹计划联合办公室主管、通用动力公司研制的一种远程反舰导弹。它有潜对舰和舰对舰两种型号,是一种亚音速、远程、掠海飞行的导弹。20世纪70年代初美国为了在反舰导弹领域尽速缩小与苏联的差距,在"鱼叉"中程反舰导弹研制计划开始不久就着手"战斧"远程反舰导弹的研制。

"战斧"巡航导弹于1973年开始研制,是美国海军最先进的全天候、亚音速、多用途巡航导弹,可以从水面舰只和潜艇上发射,主要用于打击海上和陆上重要目标,是美军实施防区外打击的骨干装备之一。

导弹外形

BGM-109B全长6.4米,主翼宽2.6米,弹体直径0.54米,重量1224千克,巡航速度每小时885千米,射程530千米,弹头是450公斤的常规弹头,是反舰作战型巡航导弹。由于采用模式化设计,其弹体外形尺寸、重量、发射平台、助推器等均和BGM-109A相似。中段制导采用捷联式惯性制导系统,由三个速率陀螺和一个加速度陀螺组成姿态参考系统,由计算机／自动驾驶仪控制导弹飞行姿态,由AN/ADN-194型高度表控制飞行高度;末制导采用PR-53／PSQ-28主动雷达导引头,战斗部采用"小斗犬B"半穿甲战斗部,重454千克。

常规陆地攻击型弹头

通用舱段

助推器

核陆地攻击型弹头

核战斗部

反舰型弹头

兵器解密

"战斧"BGM-109E反舰导弹是"战斧"BGM-109B反舰导弹的改进型,该导弹属舰(潜)对舰型,射程460千米,巡航高度15—60千米,巡航速度0.72马赫,配备高能弹头。

◆◆◆ 兵器简史 ◆◆◆

"战斧"BGM-109B反舰导弹于1981年开始作战试验和鉴定,1983年11月潜射型初具作战能力;1984年3月舰射型初具作战能力。它主要用来装备"洛杉矶"级攻击型核潜艇、"新泽西"号战列舰和"斯普鲁恩"级驱逐舰;1980年计划总产量为243枚,1986年增至593枚。

尽管BGM-109B和BGM-109A的外形尺寸、重量基本相同,但由于它们是两种作战使命互不相同的导弹,其制导系统、战斗部和动力装置等分系统的类别和性能也明显不同于BGM-109A。

AGM-12"小斗犬"

AGM-12"小斗犬"是美国马丁公司于20世纪50年代初开始研制的一种无线电指令制导的空对地(舰)导弹。该弹有多种改进型,如AGM-12A/B/C/D/E等。其动力装置除A型采用固体火箭发动机外,其余各型均采用预包装液体火箭发动机。

各型"小斗犬"导弹的尺寸、弹径、战斗部等均有差别,但布局形式一样,都采用鸭式布局,面积较小的鸭式控制舵装在头部,面积较大的十字形弹翼位于弹体尾部。它们的制导与控制方式也相同,均采用目视跟踪无线电指令制导。这种导弹可由战斗机和攻击机等挂载,用于攻击敌方的交通枢纽、海上舰船、防空阵地、桥梁等目标。

1964年,美军首次将这种系列导弹用于越南战场,取得了有限的效果。

AGM-86B

美国空军小型、亚音速、远程、机载空射巡航导弹,早期型AGM-86A系波音宇航公司研制的空对地战略巡航导弹。1976年进行样弹试验,因美国空军决定发展射程更远的AGM-86B,1977年6月终止研制。

AGM-86B空射巡航导弹系AGM-86A的发展型,主要是加大了燃料箱容量,重量更大,射程更远。1977年7月由波音宇航公司研制,1979年进行样弹首次全面发展飞行试验,1981年7月B-52G试射导弹成功,1982年10月空军第一个搭载AGM-86B空射巡航导弹的轰炸机中队交付使用,共有16架B-52G轰炸机,每架挂带12枚导弹。

➲ AGM-86B是美国空军的战略空射巡航导弹,由B-52H战略轰炸机携带,从敌方防空火力圈外发射,攻击敌纵深战略目标。

> "鱼叉"又名"捕鲸叉"反舰导弹
> "斯拉姆"是在"鱼叉"基础上研制的

"鱼叉"反舰导弹 >>>

"**鱼**叉"反舰导弹是美国波音公司研制的一种全天候、高亚音速、巡航式中程反舰导弹,可由飞机、水面舰艇和潜艇等多种平台搭载。该导弹于20世纪70年代开始研制,又历经多次改进。"鱼叉"反舰导弹有很强的抗干扰能力。因其优越作战效能,"鱼叉"反舰导弹受到了许多国家海军青睐。

发展历程

1967年,埃及海军用"冥河"导弹击沉了以色列"埃拉特"号驱逐舰,在此次事件的影响下,美国海军开始重视导弹在现代海战中的重要作用,"鱼叉"导弹应运而生。在20世纪70年代后期,即研制成功舰对舰型"鱼叉"(RGM-84A)和空对舰型"鱼叉"(AGM-84A)导弹,随即转入批量生产。"鱼叉"舰对舰型(RGM-84)于1977年开始装备,空对舰型(AGM-84)于1978年开始装备。到20世纪80年代初期,潜舰型"鱼叉"(UGM-84A)导弹开始服役。到90年代,为了争夺国际市场又发展了岸舰型"鱼叉"(CDHarpoon)导弹。至此,"鱼叉"导弹成为能从舰艇、飞机、潜艇和岸基多种平台发射的全系列、全方位的反舰导弹族。

各种型号

"鱼叉"导弹研制成功后,为了适应新的作战需求和提高战术技术性能,在原型技术方案的基础上不断被改进。"鱼叉"各型导弹的系列代号有RGM/AGM/UGM-84A、B、C……Blook1(A)至1G等。其中RGM、AGM和UGM分别代表舰射、空射和潜射型,A、B、C表示改进的顺序号,Block1(A)、1B、1C……表示采用不同中制导程序。在A、B、C……后面加-1、-2……表示从不同发射装置上发射的导弹。如1表示从"阿斯洛克"反潜导弹发射架上发射;2表示从"鞑靼人"航空导弹

"鱼叉"AGM-84

发射架上发射；3 表示装备较小的舰艇，从 MK140 型发射架上发射；C-4 表示从英国制的发射箱发射；5 表示装在较大军舰上，从 MK141 型发射架上发射。

"鱼叉"AGM-84

"鱼叉"AGM-84 是美军目前主要的反舰武器之一，1979 年装备部队使用。这种高亚音速掠海反舰导弹有舰对舰和空对舰等型。其动力装置为一台涡喷发动机，因而它的射程较远，可达 120 千米。该弹长 3.84 米，弹径 344 毫米，主要由制导部、战斗部、发动机的尾舱段组成。发射重量为 522 千克。最大射程 110 千米，最小射程 11 千米，制导部装有雷达导引头、数字计算机、自动驾驶仪等，用于搜索、捕获和跟踪目标。战斗部为高能穿甲爆破型，可穿入舰内爆破坏目标。制导方式采用中段惯性制导和末段主

动雷达制导。弹头处装有一台抗干扰性能较好的宽频带频率捷变主动雷达导引头。近年来，又为这种导弹研制了一种红外成像导引头，两种导引头可互换。

在导弹发射前，由载机上的探测系统提供目标数据，然后输入导弹的计算机内。导弹发射后，迅速下降至 60 米左右的巡航高度，以 0.75 马赫数的速度飞行。在离目标一定距离时，导引头根据所选定的方式搜索前方的区域。捕获到目标后，"鱼叉"导弹进一步下降高度，贴着海面飞行。接近敌舰时，导弹突然跃升，然后向目标俯冲，穿入甲板内部爆炸，以提高摧毁效果。"鱼叉"导弹可用于攻击大型水面舰只、巡逻快艇、水翼艇、商船和浮出水面的潜艇等，其单发命中概率为 95%。主要特点是具有多用性、通用性和可靠性，各种飞机、舰艇上的发射架及鱼雷发射管都可以发射。

"鱼叉"反舰导弹是美国波音公司研制的一种全天候、高亚音速、巡航式中程反舰导弹，又称"捕鲸叉"导弹，可由飞机、水面舰艇和潜艇等多种平台搭载，是西方海军使用最多的反舰导弹。此图为 AGM-84"鱼叉"正从美国海军"莱希"号巡洋舰上发射升空。

性能优势

"鱼叉"导弹之所以在反舰导弹市场竞争中保持经久不衰的霸主地位，是因其具有一系列的性能优势。首先，它实现了一弹多用，可从多种平台上发射，既能用作空对舰和舰对舰，又能用作潜对舰或岸对舰导弹。第二，该弹适应性好，可从多种已有发射架上发射，如"阿斯洛克"反潜导弹发射架、"小猎犬"和"鞑靼人"舰对空导弹发射架、四联箱式发射架、MK-41垂直发射系统、标准鱼雷发射管、MAU-9A/和Aero-65A1飞机发射架等上进行发射。第三，该弹具有潜隐式进气口，进气口潜隐在弹体内，适于潜艇标准鱼雷管发射。第四，潜射时采用无动力运载器，水下发射运行无声音，攻击时有很好的隐蔽性。第五，抗干扰能力强，由于采用频率捷变主动雷达末制导，导弹有很强的抗干扰能力，目前正在改用成像导引头，进一步提高抗干扰能力。

↑ 美海军S3B"海盗"反潜机的飞行员从自己飞机的左舷窗看到另一架S3B"海盗"反潜机上携带的"鱼叉"反舰导弹。

发射模式多样

发射模式多是美军舰对舰导弹的一大特色。其中，"鱼叉"反舰导弹通常以RBL（RangeandBearingLaunch）模式发射，此时目标的方位与距离资料在发射前即已输入导弹的数位电脑内，可由载具与目标的距离选择寻标器扫描方式，在导弹已贴近目标时，寻标器才开始运作，以免敌舰的电子战系统侦测导弹的扫描电波，采取反制措施；使用越小的视窗模式，就需要越精确的惯性导航资料，受电子反制的机会就越小。"鱼叉"导弹另一种发射模式为BOL（BearingOnlyLaunch），在只掌握目标方位但无正确距离资料时，如对付远距离目标就通常采用此种模式。采用BOL模式时，寻标器在巡航时即已打开，并向左、右45°进行扫描，在惯性导航期间扫描一段时间后，如果尚未发现目标，就转换成了预先设定的扫描模式，如果再没发现目标则启动自毁装置。

大显身手

在历次战争中，"鱼叉"导弹有着不俗的表现。"鱼叉"导弹第一次使用是在两伊战争期间，美军用该导弹在波斯湾攻击伊朗海军舰艇。最初用4枚RGM-84（2枚是从"温赖特"号巡洋舰上发射的，另外2枚是从"辛普森"号驱逐舰上发射的）击毁一艘伊

"鱼叉"Block1D导弹(曾被称为"鱼叉"Block Ⅱ)提高了导弹在强电子干扰环境中作战的有效性,以及导弹的命中率和杀伤力,使导弹的服役期延长到21世纪。目前"鱼叉"Block1D导弹只有舰舰型,编号为RGM-84F。

朗快艇。另外一艘伊朗的"萨汉德"号护卫舰被从航空母舰上起飞的A-6飞机发射的AGM-84击中。

1986年3月24日,当时美军的航母编队在锡德拉湾附近进行代号为"自由通航"的军事演习、目的在于挑衅,诱使利比亚首先开战。而利比亚也沉不住气,出动数艘导弹快艇发动攻击,但还没靠近美军舰队就被从美军航母上起飞的A6"入侵者"攻击机携带的"鱼叉"反舰导弹击沉、重创利比亚舰艇各两艘。

在1991年年初的海湾战争中,沙特阿拉伯海军在波斯湾发射1枚"鱼叉"导弹击毁了1艘伊拉克的布雷艇。

总之,"鱼叉"舰舰导弹以其优越的作战效能受到了英国、日本等许多国家海军的青睐。

"鱼叉"老兵

毕竟是28年的"老兵","鱼叉"的弱点日益显露,一是射程不够远,负载机距敌舰太近;二是打击力不够强,对于大型舰船难以击沉;三是反干扰性能不足,敌舰船用箔条弹能降低"鱼叉"导弹的命中率;四是速度慢,容易被防空导弹及快速小口径火炮击中。

"鱼叉"导弹的里程碑

目前,波音公司正在设计和研发的"鱼叉"BlockⅢ型反舰导弹,是为了增强美国海军水面作战能力的新一代武器系统。它将为美国海军现有的武器系统进行升级。"鱼叉"BlockⅢ反舰导弹新增了多项能力,如飞行中变更打击目标,主动末端控制以及与未来网络体系结构联通等。该型导弹已经成为一种具备完全自主,全天候超视距作战能力的先进反舰导弹。

"鱼叉"BlockⅢ系统的设计研发是"鱼叉"导弹计划的里程碑,是美国海军在"鱼叉"反舰导弹多年发展的重要组成部分。

🔸"史普鲁恩斯"级驱逐舰的"索恩"号(DD 988)发射AGM84A"鱼叉"反舰导弹

"飞鱼"反舰导弹 >>>

"飞鱼"反舰导弹是法国宇航公司研制的一种全天候、高亚音速、掠海飞行的中近程反舰导弹，有舰舰/岸舰型 MM38、空舰型 AM39、潜舰型 SM39、舰舰/岸舰型 MM40 四种型号。这种反舰导弹以体积小、重量轻、精度高、掠海飞行能力强并具有发射后不用管和全天候作战能力为优势，主要用于攻击水面舰船等目标。

导弹结构和装备

"飞鱼"导弹采用典型正常式气动布局，四个弹翼和舵面按"X"形配置在弹身的中部和尾部；整个导弹由导引头、前设备舱、战斗部、主发动机、助报器、后设备舱、弹翼和舵面组成。

"飞鱼"导弹的动力系统包含两部分：主发动机为一台端面燃烧的固体火箭发动机，总重170千克，工作时间150秒，平均推力2.4千牛，可使导弹的巡航速度保持在0.9个马赫数；助推器是一台侧面燃烧药柱的固体火箭发动机，重达80千克，工作时间2.5秒，平均推力74千牛，可把导弹迅速加速到超音速，而后在主发动机作用下以巡航速度飞行。两台发动机工作，可使导弹最大射程达70千米。

"飞鱼"导弹主要装备在直升机、海上巡逻机和攻击机上，如法国军队的"超军旗"、"超美洲豹"、"幻影"等攻击机、"大西洋"海上巡逻机和"超黄蜂"、"海王"武装直升机等，主要用于攻击各种类型的水面舰

➡ "飞鱼"导弹采用"发射后不管"的复合制导，即惯性制导和末端主动雷达寻的制导，具有更好的抗干扰能力。

AM39 导弹弹身呈锥头圆形,弹翼为梯形悬臂式。整个导弹由导引头、前设备舱、战斗部、主发动机、助推器、后设备舱、弹翼和舵面组成。战斗部为半穿甲爆破型,内装 65 千克高能炸药。

船,也可以从陆地、舰上和水下不同地点发射。

制导系统

该弹采用惯性加主动雷达寻的制导系统:惯性制导部分包括垂直与航向陀螺、无线电高度表、加速度表、模拟计算机以及指令发生和距离计算装置,可使导弹在弹道中段按预定程序飞行;主动雷达寻的部分是一个主动式单脉冲雷达自动导引头,由变态卡塞格伦天线、接收与发射机、角跟踪器、测距电路及电源等组成,用于导弹的末段制导,截获目标概率在 99% 以上。

战斗部

AM-39 导弹选择带冲击效应的聚能穿甲爆破型战斗部,同时兼有破片杀伤能力。战斗部上装有延时触发引信和导引头控制的近炸引信两种,带有机械、惯性和气压三级保险装置,从而可保证战斗部适时解除保险准时爆炸。整个战斗部重 160 千克,装高炸药 40 千克,能穿透 12 毫米厚的钢板。

如何攻击目标

AM-39 导弹通常挂在巡逻机的弹舱内、攻击机的机翼下和直升机的腹下或短翼下,可随时攻击。当载机发现目标后,先由载机上的发射系统把不断接收来的国标方位、距离和速度以及载机的方向和速度等数据随时处理,得出导弹的飞行制导指令。在选定要发射的导弹后,就对目标进行瞄准并在发射前将刚得出的导弹飞行制导指令装定到导弹上。这时,若符合导弹发射条件,即可沿目标方向实施导弹的无动力投放发射。在导弹发射后 1 秒钟,自由下落约 10 米时,助推器点火,自动制导系统开始工作,导弹进入俯冲飞行;当导弹速度达到每秒 280 米时,主发动机点火工作,导弹可达到超音速;在导弹迅速降至 15 米高度时改为水平飞行,惯导系统开始工作,导弹以 0.9 马赫数贴海面巡航飞行并解除战斗部引信保险。在导弹距目标 10 千米时,导引头开机搜索目标;在截获目标后,导引头转入对目标自动跟踪并用比例导引法使导弹迅速接近目标,这时导弹按预定程序下降高度至 2—8 米,掠过海面飞行,直至击中目标。

成名"马岛海战"

1982 年 4 月 2 日—6 月 14 日,英国和阿根廷在南大西洋的马尔维纳斯群岛展开了一场前所未有的现代海战。战争中,阿根廷使用的"飞鱼"反舰导弹对英国皇家海军的舰船造成了很大的打击。在 5 月 4 日的冲突中,两架从南美大陆起飞、隶属于阿根廷空军的法制"超级军旗"式攻击机在距离英

兵器简史

"飞鱼"反舰导弹由欧洲著名的军火制造商法国航太所开发制造。在各种不同的版本中,MM38 舰射型于 1967 年开始研发;AM39 空射型于 1970 年开始研发,1978 年定型投产,随后开始交付使用。

国舰队20千米远的地方发射了两枚空射型的AM39"飞鱼"，这两枚导弹在靠近舰队10千米处启动雷达搜寻锁定了"谢菲尔德"号，其中一枚没有击中目标，另一枚则击中"谢菲尔德"号舰身中央、离水线仅有1.8米高的位置，直接射入该舰的电子火控室。虽然该枚"飞鱼"导弹本身并没有引爆成功，但飞弹所携带的固态燃料却引发大火，中弹八小时后船员被迫放弃该舰，并且于5月10日在拖行回港的过程中进水过多沉没。"谢菲尔德"号是英国自第二次世界大战之后第一艘被击沉的战舰。

除了"谢菲尔德"号外，"飞鱼"导弹还在5月25日击沉了货船"大西洋运送者"号。6月12日，一枚陆基"飞鱼"导弹击中"格拉摩尔根"号驱逐舰，但该舰在船员抢救下没有沉没。

屡立战功

在两伊战争期间，"飞鱼"导弹被伊拉克用来攻击伊朗方面的船只与所有途经波斯湾海域载运有该地区所产原油的油轮。

1983年11月21日，伊拉克飞机发射"飞鱼"导弹击沉正在波斯湾航行的希腊12550吨级的货轮"安提哥那"号。

1987年5月17日晚10时10分，伊拉克空军的一架"幻影"F-战斗机携两枚AM-39"飞鱼"导弹对航行于波斯湾的美国海军舰艇发动攻击，结果一枚导弹命中"斯塔克"号导弹护卫舰左舷首部，炸开一个3米×4.6米的大洞，舰上浓烟滚滚，舰艇遭重创，37人被炸死炸伤。继而第2枚"飞鱼"命中该舰，因伊军未装引信，才没将舰艇炸沉。与"谢菲尔德"号同样，根据资料，"斯塔克"号在中弹前完全没有侦测到来袭的"飞鱼"导弹。

1988年5月14日，伊拉克发射的"飞鱼"导弹造成世界上最大的油轮"海上巨人"号重创沉没。

由于"飞鱼"导弹屡立战功，接连击沉和重创海军舰船，甚至连最现代化的美、英海军舰艇也难逃厄运，"飞鱼"导弹也从此

在"马岛海战"中，一枚"飞鱼"导弹正在发射。

AM-39导弹弹身呈锥头圆形,弹翼为梯形悬臂式;全弹总长4.7米,弹径0.35米,翼展1.1米;导弹发射总重为652千克,射程50—70千米。入射角为60°击中目标时,能穿透12毫米厚的钢板在舰内爆炸。

兵器解密

"飞鱼"是法国海军一种典型的反舰导弹,也是世界上销量最大、应用于实战最多的一种导弹。

声名大振。

独具特色

在现代导弹中,"飞鱼"导弹的性能并不算最先进的,但它之所以名扬世界,只是因为使用武器的人在战术运用上比较得当,加之有时是对方完全没有防备所至。从几次实战应用来看,"飞鱼"导弹虽然射程不远,战斗部也不大,航速也不高,但的确有自己的一些特色。

一是掠海飞行。反舰导弹的弹道一般都比较高,像苏制"冥河"导弹就更高,达150—300米,体积又大,极易被发现和击毁。"飞鱼"导弹首次将飞行弹道降到10—15米(巡航),在接近目标时的飞行高度只有2—3米。

由于地球曲率的影响,一般驱逐舰和护卫舰在海上的雷达视距也就是20多千米,再加上雷达搜索盲区较大,"飞鱼"巡航弹道10—15米已经在其舰载雷达盲区之内了,更不用说掠海2—3米飞行了。"飞鱼"弹体本来就很小,再加上海浪杂波对雷达波束的反射,所以舰载雷达很难发现它。

二是采用半穿甲型战斗部。现代舰船一般仅在战斗情报中心、机舱、弹药库等核心舱室加装18—25毫米厚的合金材料或克夫拉装甲防护,其他部位没有装甲。"飞鱼"接触舰艇后先以动能穿透舷部薄钢板,穿入舰内舱室数秒后战斗部再引爆,虽然装药不多但破坏效能很大。

三是抗干扰能力较强。"飞鱼"采用巡航段惯导、在距目标10千米左右时转入末段主动式雷达自动寻的,寻的雷达抗干扰能力很强,且具有抗海杂波和恶劣环境的能力,它能以±30°扇面在两秒钟内捕捉到目标,并立即转入跟踪。惯导段弹上雷达不开机,无法干扰;自导段弹上雷达开机可产生干扰,但掠海飞行又发现不了,所以让它钻空子的机会很多。

目前,还在使用"飞鱼"导弹的国家包括了法国、德国、巴基斯坦、阿拉伯联合酋长国、阿根廷、新加坡、南非、巴西、阿曼、埃及、伊拉克、科威特、利比亚、卡塔尔与秘鲁等。

> "鸬鹚"空对舰导弹的翼展为 1000 毫米
每架"阵风"战斗机可载 4 枚"鸬鹚"

"鸬鹚"空舰导弹 >>>

"鸬鹚"空对舰导弹是原联邦德国梅-伯-布公司(MBB)、现德国戴勒姆—本茨宇航公司(DASA)研制的一种近程亚音速掠海飞行空舰导弹,1988 年投入使用,主要装备其海军航空兵的"狂风"F-104G战斗机。采用惯性制导和主动雷达末制导,能准确地识别和选择目标。"鸬鹚"空对舰导弹用于攻击 1000 吨级以上的海上舰艇目标。

研制历史

"鸬鹚"空对舰导弹的发展始于 1962 年。当时,由法国和联邦德国共同投资,同时发展两个相似的空舰导弹型号-AS33 和 AS34,AS33 由联邦德国 MBB 公司研制,AS34 由法国原北方航空公司、现宇航公司在其"北方"空对地导弹系列中的第二代型号 AS30基础上研制。

1967 年 AS34 方案被选中,联邦德国MBB 公司被确定为主承包商,法国的汤姆逊-CSF 公司被确定为主动雷达导引头的承包商。1968 年 10 月进入全面工程发展,1970 年 3 月开始在 F-104G 试射。1971 年5 月在 F-104A 上发射带导引头的样弹。1972 年开始进行一系列试射和海军随后进行的鉴定试验。1974 年完成飞行试验。1976年,"鸬鹚"1 投入生产。1977 年秋天,对"鸬鹚"1 导弹成功地做了七次产品的鉴定试验,其中有六次击中了目标,第七次试验"满足了技术规格要求"。1977 年 12 月首次交付给德国海军航空兵两枚批生产的"鸬鹚"1空对舰导弹。1983 年,"鸬鹚"1 空对舰导弹停产。

导弹的结构

该弹采用正常式气动外形布局,4 片前缘后掠的大切梢三角形稳定弹翼位于弹体中部,4 片前缘后掠的小切梢三角形控制舵面位于弹体尾部。弹翼和尾舵处于同一平面,弹体呈圆柱形,头部呈尖

◖ "鸬鹚"导弹

"鸬鹚"空对舰导弹的最大射程70千米,巡航速度为0.9倍音速,巡航高度约20米,接近目标时高度3—5米,弹长4.4米,弹径0.30米,全弹质量630千克。战斗部为半穿甲爆破型,其圆柱表面上有24个"射弹",每个"射弹"可穿透七层舱壁。

兵器解密

⬆ "鸬鹚"导弹基本型的结构示意图

锥形,弹体内部采用模块化舱段结构。基本型导弹"鸬鹚"1在结构上从前到后分为导引头舱、战斗部舱、主发动机舱和尾舱共4个舱段,分为3个分离面,各舱段之间采用固定环将这3个分离面对接,从而形成1个完整的导弹。

如何制导

导引头舱内装末段制导用的RE576单脉冲主动雷达导引头及其活动式卡塞格伦天线、电子设备以及抗电子干扰设备,具有被动和主动两种工作方式:当导弹飞至其导引头能截获目标的距离时,接通弹载雷达接收机对该目标进行搜索,一旦截获该目标的雷达所辐射的信号,导引头即锁定该目标,

进入被动工作方式。当导弹导引头未接收到目标雷达的辐射信号,则转入主动工作方式,由其主动雷达天线搜索、截获和跟踪目标,并控制导弹飞向目标。该雷达导引头采用倒置卡塞格伦天线和单脉冲技术,能提供目标距离、方位等数据,适宜于攻击雷达反射面积大于1000平方米的大型舰艇目标。

战斗部的引爆

战斗部舱内装战斗部、触发延时引信和保险执行机构。MBB公司研制的半穿甲爆破战斗部,重量160千克,炸药56千克,以60°命中角攻击舰艇时能穿透121毫米的52号钢制甲板。战斗部的钢制壳体上焊有两排16个由金属板制成的椭圆形射弹,战斗部爆炸时产生的冲击波和金属射弹毁伤目标。

⬇ 飞行中的"鸬鹚"导弹

◀◀◀ 兵器简史 ▶▶▶

虽然法国参与了"鸬鹚"空对舰导弹的研制,但法国国防部从未向德国采购该导弹。1983年在基本型——"鸬鹚"1的基础上正式发展"鸬鹚"2,1987年开始飞行试验,1990年10月完成飞行试验,1991年开始进入德国海军服役,1996年全部停产。

兵器知识

> "花岗岩"导弹曾被人们称为"航母克星"
> 北约称"花岗岩"导弹为SS-N-19

"花岗岩"反舰导弹 >>>

"花岗岩"反舰导弹是苏联20世纪70年代初开始研制的远程超音速巡航导弹,它可以从水面舰艇发射,也可以从潜艇发射。自研制以来,"花岗岩"导弹的具体情况一直受到了俄罗斯的严格保密。直到俄海军"库尔斯克"号核潜艇在巴伦支海参加北方舰队演习时出事沉没,其装载的"花岗岩"反舰导弹才不得不揭开神秘的面纱。

制导系统

"花岗岩"导弹的制导方式可谓别出心裁。在一次发射的十多枚导弹中,有1枚"指挥弹",它在2.5万米高空飞行,把目标数据通过弹间数据链传输给在低空飞行的其他导弹,以保持低空导弹的隐蔽性。一旦"指挥弹"被击落,马上又有1枚导弹升高负责继续"指挥"。进入敌方视界后,弹群才散开,各自开启导引头进行末端攻击。这样一方面可以防止"过杀"(重复攻击同一目标),另一方面可选择航母的关键位置攻击。

舰艇装备

由于航母拥有空前的抗打击能力,所以

正在往航母上装备的"花岗岩"导弹

为保证导弹击中目标后能造成足够大的破坏力,"花岗岩"反舰导弹上装备的战斗部达1吨重,威力巨大。其率先部署在"基洛夫"巡洋舰,目前总共装备了两艘水面舰:一艘"库兹涅佐夫"号航母和一艘"基洛夫"级巡洋舰"彼得大帝"号。另外三艘"基洛夫"级巡洋舰:"海军上将乌沙科夫"号已报废,而"拉扎列夫"、"纳西莫夫"号目前正在进行修复和翻新,预计2012年重新服役。

另外,该导弹还是一种很成功的潜射导弹,已装备7艘俄海军"奥斯卡"级潜艇,每艘装24枚导弹。

兵器简史

"花岗岩"反舰导弹弹体长10.5米,射程500—550千米,发射重量为7吨,采用750千克常规高爆战斗部或50万吨当量的核战斗部。导弹在高空的飞行马赫数达到2.5,末端飞行马赫数可达3.5。

尤金·伯顿·艾利是美国早期飞行先驱,他是第一个驾驶飞机从军舰上起飞的飞行员,从而结束了军舰能否作为起飞平台的争论。1911年10月19日,艾利参加于佐治亚州梅肯市举行的飞行展览,在进行飞行表演时飞机失事,他受了重伤,没几分钟就去世了。

兵器解密

如何攻击目标

"花岗岩"是俄罗斯的第一代智能导弹系统,从潜艇或者巡洋舰上发射之后,第一枚"花岗岩"导弹在空中自行锁定打击目标,同时减速飞行,等第二枚直至最后一枚导弹发射脱离系统之后,采用"狼群"战术向目标发起攻击。在攻击过程中导弹自行具体确定由哪一枚、以何种次序来击中目标。这种捕猎方式的重点在于:"狼群"自行锁定目标,自行确认目标重要性,自行确定攻击目标的战术和飞行路线。在"花岗岩"系统中,弹上计算机储存有现代各类战舰的数据、可能采用的战术编队、敌方可能使用的电子对抗技术以及躲避防空系统的方法。所以"花岗岩"导弹可以自己选择目标,识别"猎物"是船队、是航母舰队还是登陆艇,从而选择一种最佳的打击策略,攻击对方舰队中最主要的目标。最令人惊异的是"花岗岩"导弹的独特攻击模式,它能以高、低两种弹道攻击目标,可以单枚发射也可以多枚齐射。在齐射攻击的导弹中,有一枚导弹被预编在较高弹道飞行,其他在低弹道飞行。高弹道飞行的导弹承担领弹任务,它可以最早地发现目标编队,并将数据传输给各个低弹道飞行导弹,并实时更新数据。

难以防御

目前,新一代的"花岗岩"已经具备反电子干扰能力。世界上还没有一艘军舰能够躲过"花岗岩"的攻击。敌方雷达系统能够监测到"花岗岩"发射,但导弹进入攻击阶段以后,任何防御系统均无反击之力。"花岗岩"的飞行速度和它在海面上变化多端的飞行路线只能用神出鬼没来形容。由于导弹飞行速度快、质量大、动能高,所以只要命中,即使不装弹头的训练弹也可凭借巨大动能将驱逐舰一类的舰艇击毁。

↑ 在"基洛夫"巡洋舰上配备有"花岗岩"反舰导弹 SS-N-19

"日炙"反舰导弹 >>>

航空母舰被称为当今海上的"巨无霸",不过,俄罗斯研制的"日炙"反舰导弹却是令航空母舰生畏的海上超音速杀手。其速度约为法国"飞鱼"的 3 倍,巡航高度 15 米,末段掠海飞行弹道距海平面约 7 米,采用半穿甲爆破战斗部,单发即可重创敌舰,是全球唯一具有超音速、超低空和超视距性能的先进反舰导弹。

↑"日炙"反舰导弹正在发射

研制历史

"日炙"反舰导弹的俄军编号为 3M80,俗称"白蛉",音译为马斯基特。按照北约的编号方式,西方国家称其为 SS-N-22"日炙",早期也有人译为"太阳火"。该导弹是由苏联彩虹设计局研制。

在 1967 年,埃及海军使用"冥河"导弹击沉以色列驱逐舰后,西方海军汲取教训,研制了以"密集阵"高炮和"海麻雀"导弹为代表的舰载近防武器系统,特别是美国研制的"宙斯盾"防空系统,使苏联海军的大多数反舰导弹失去作用。为了打破西方海军

的防空系统,苏联国防委员会于 1975 年作出研制新一代反舰导弹的决定,任务交由总设计师尤利夫领导的彩虹设计局承担。1984 年,首批"日炙"反舰导弹装备部队,尽管研制进度比同期研制的"现代"级晚了 3 年,但它的出现却使西方海军为之失色。

在当今西方海军中,还没有与"日炙"反舰导弹相类似的产品可装备到"现代"级驱逐舰、"勇敢"Ⅱ级驱逐舰、"塔兰图尔"Ⅲ级轻型护卫舰、"德加奇"级导弹快艇等水面舰艇上。

难以拦截

"日炙"飞得既快又低,能够在 20 米以下的超低空以 2.5 倍音速掠海飞行,这一速度大约是西方现役反舰导弹的 3 倍。一般来说,舰载对空雷达发现掠海小型目标的距离为 18—27 千米,对于普通的亚音速导弹,这样的发现距离可以保证 60—90 秒后反应和抗击时间;但对于"日炙"导弹,这一时间被缩短为 20—30 秒,除去反应的时间,真正能够对于抗击的不过 10 秒左右。所以说,

"现代"级驱逐舰上共携带8枚"日炙"反舰导弹。这种导弹采用掠海飞行方式，速度达2.5马赫，装备300公斤高爆弹头或一枚20万吨当量的核弹头。导弹的射程为10—120千米，发射重量为4000公斤。

兵器简史

> 1951年11月成立的彩虹设计局是苏联老牌导弹设计局，曾研制出著名的"冥河"式反舰导弹，在反舰导弹设计方面居于世界领先水平。目前，彩虹设计局和星—箭国家科学制造中心几乎垄断了俄罗斯的战术导弹研制和生产。

美军航母作战群虽然配备了最先进的"宙斯盾"防空系统，但要到发现"日炙"导弹时拦截，就已经来不及了。

末端蛇形机动

末端蛇形机动是"日炙"导弹的另一大优点。"日炙"导弹的飞行末端被专门设计为不规则蛇形机动，防空武器跟踪和锁定目标极为困难，抗击难度和效果可想而知。为了准确测试"日炙"导弹带来的海上威胁，美国海军曾经直接向俄罗斯彩虹设计局提出购买一批"日炙"导弹，遭到俄方的断然拒绝。无奈之下，美国海军转而购进了俄罗斯另一家设计局的KH-31型空舰导弹。这种导弹外形与"日炙"十分相似，并且它的冲压喷气发动机性能与"日炙"导弹的发动机也几乎相同，同样可以实现掠海超音速飞行。尽管美国海军对俄罗斯超音速反舰导弹的最终测试结果并未公布，但此后美国海军把"日炙"导弹视为"恐怖分子量级"的武器，不难看出美军对"日炙"的重视程度。

超视距攻击

由于受到地球曲率的影响，舰载对海搜索雷达的有效作用距离一般不超过40海里，超过这一距离实施导弹攻击被称为超视距攻击。一般意义上超视距攻击需要有远程搜索系统提供目标参数，并负责导弹的中继制导，所以，尽管西方不少反舰导弹的射程可达100千米以上，但实际使用中必须借助预警机、舰载直升机才能实现超视距射击，在实战中的价值自然要大打折扣。而"日炙"导弹尽管射程可达120千米，却无须借助其他搜索系统，仅靠本舰的舰面设备即可完成射击全过程。实现这种射击过程是依靠舰载超视雷达。至于这种超视距雷达的技术原理和性能，以及导弹全射程射击的有关数据至今还是一个难解之谜，这也可以说明俄罗斯导弹技术的独到之处。

"日炙"反舰导弹SS-N-22

兵器知识

> 新一代导弹的总设计师是叶弗列莫夫
> "布拉莫斯"导弹是"红宝石"的印度型

"红宝石"反舰导弹 >>>

"**红**宝石"反舰导弹是俄罗斯新一代超音速反舰导弹,它也是打击航空母舰的上乘武器,可在多种平台上发射。尤其是首次采用了在结构上与美国 HK-41 垂直发射装置非常相似的多模块垂直发射装置,可以"发射后不用管"。此外,它还具有重量轻、尺寸小、隐身性好、飞行速度快等优点。

新一代反舰导弹

20 世纪 80 年代中期,苏联的机器制造科研生产联合体的设计师们认为,老一代的反舰导弹在物理性能上明显地落后于技术的发展,现代舰载防空兵器的最新发展已使其失去了发挥作用的空间,所以说,当时的反舰导弹已经不能适应未来海战的发展。于是,他们提出了对未来反舰导弹的设计要求:重量轻、尺寸小、对现代雷达暴露征候小、超音速巡航、发射后不用管,真正实现自主发现和攻击目标。

到 20 世纪 80 年代末,研制新一代反舰导弹的计划正式启动,到 90 年代中期导弹系统已进入了试验阶段,并在 1999 年的莫斯科航展上推出了第一个样品。这种首次亮相的第四

代反舰导弹取名为"红宝石",它可用于在强火力和无线电电子反制情况下打击敌水面舰艇编队和单个舰艇目标。因此,"红宝石"一经问世立刻受到世界各国军方的高度关注。

优良的性能

"红宝石"反舰导弹具有全程超音速和弹道机动能力,它不仅尺寸减小,还由于精确设计,没有复杂的燃气排导系统,使导弹

→ "红宝石"反舰导弹

"红宝石"反舰导弹长8.9米，发射重量为3900千克，采用一体化的火箭冲压发动机，巡航速度2.0—2.5马赫，射程120—300千米。除了舰射、潜射和岸防型号外，俄罗斯机械制造设计局还在研制"宝石"导弹的空射型。

体积硕大的"红宝石"反舰导弹

发射实现了小型化，更便于在各种级别的舰艇上装备。动力装置包括冲压式空气喷气发动机和固体加速器，控制系统为高抗干扰性多通道雷达导引头和惯性导航系统。导弹能够按重要性对目标进行分类，自主选定攻击战术和攻击实施方案，还可完成复杂的战术机动。在导弹的自主控制系统中，不仅注入了对抗敌电子干扰手段的数据和算法，而且还注入了规避敌防空兵器火力的动作。

此外，"红宝石"反舰导弹最大的特点在于它的通用性。这种导弹从一开始就充分考虑了对于不同载具的通用性：既可以配置在潜艇、水面舰艇和快艇上，也可挂载到飞机上，还可由岸基发射装置使用。

导航系统

"红宝石"反舰导弹采用复合导航系统，巡航段为惯性导航，在飞行的最后阶段改为有源雷达制导。导弹由自身的目标指示数据源形成飞行控制指令，雷达导引头在距离目标75千米的距离上开启，开始自主搜索目标，可截获"巡洋舰"一类的水上目标。当截获目标后，雷达导引头随即关闭，然后降低到超低空的高度（约5—10米）。在整个飞行中段，导弹始终处于敌方舰载防空系统的发现区低界以下。在进入飞行的最后阶段后，反舰导弹开始跃出无线电地平线，导弹雷达导引头重新开机，截获并跟踪目标。在这个飞行时间只有几秒的最后阶段，"红宝石"的超音速使近程防空兵器很难对它进行有效的拦截。

导弹的射程

根据所选定的飞行轨迹有所不同，在采用复合弹道时飞行距离可达300千米以上，而在以5—15米的低弹道巡航时，射程为120千米。"红宝石"安装的是200—300公斤高爆炸药战斗部，它能够击沉300千米外的现代化巡洋舰，即便是它装备了"宙斯盾"防卫系统，而几枚能够自主选择要害部位实施攻击的"智能"导弹就可使一艘航母报废。

兵器简史

在2001年的莫斯科航展上，首次公布了机载型"红宝石-A"反舰导弹系统的性能。据称，苏-30多用途歼击机将可挂三枚"红宝石-A"反舰导弹。米格-29轻型歼击机的机翼下挂载两枚"红宝石"反舰导弹，而图-142远程巡逻机最多可挂载8枚这种反舰导弹。

兵器知识 ▶ "哈姆"属于是高爆炸药预制破片杀伤型
"默虹"导弹在海湾战争中首次使用

反辐射导弹 >>>

反 辐射导弹也称反雷达导弹,它是利用敌方雷达的电磁辐射进行导引,摧毁敌方雷达及其载体的导弹。美国的"百舌鸟"导弹是世界第一枚反辐射导弹,它于1963年研制成功。此后,苏联、英国、法国等国也开始研制成功反辐射导弹。在越南战争、中东战争和海湾战争中,反辐射导弹都取得出色战果。

诞生的历史背景

电子化程度高是现代化武器装备最突出的特点,每艘舰艇、每架飞机、每枚导弹上都有很多复杂的电子设备进行探测、指挥和引导。在这些电子设备中,雷达是探测、跟踪、识别和引导武器进行攻击和反击的关键性装备。如果失去雷达的引导,任何武器都难以找到攻击的对象,更不用说进行攻击了。于是,为了摧毁雷达系统,从20世纪50年代末开始,一些国家开始研制反辐射导弹。

"百舌鸟"

世界上最早的反辐射导弹"百舌鸟"于1964年开始装备使用。它也是世界上第一次用于实战的反辐射导弹,在20世纪60年代中期的越南战场上发挥了重要作用。"百舌鸟"导弹代号为AGM-45A,属空对地导弹中的一种型号,主要装备攻击机和战斗机,先后共生产2500枚左右,现已停产并逐渐退役。除"百舌鸟"外,第一代反辐射导弹还有苏联的"鲑鱼"AS-5,它于1966年服

🔊 "百舌鸟"导弹代号为 AGM-45A

役,是一种较大型的导弹。

第二代反辐射导弹在20世纪70年代开始服役,主要型号有美国的"标准"AGM-78A、B、C、D和"百舌鸟"改进型、AGM-45A-9、ACN-45A-90,苏联的"王鱼"AS-6和英法联合研制的"玛特尔"AS-37。在这几种型号的导弹中,性能最好的是苏联的"王鱼"AS-6反辐射导弹。"王鱼"导弹在弹长、射程、速度、发射重量、发射高度和战斗部重量六项指标中居世界反辐射导弹之首位。

第三代反辐射导弹是20世纪80年代以后服役的导弹,主要型号有美国的"哈姆"

作为第一代第一型反辐射导弹，"百舌鸟"的性能并不算好，它弹长 3.05 米，弹径 0.2 米，射程 12 千米，最大飞行马赫数 2，发射重量 177—181 千克，发射高度 1500—10000 米，战斗部重 66.7 千克，有效杀伤半径为 15 米。

和"默虹"，代号分别为 AHM—88、AGM—136；英国的"阿拉姆"；法国的"阿玛特"和苏联的 AS—9。除上述空射反辐射导弹外，以色列还于 1982 年研制成功地对地型"狼"式反辐射导弹，并在黎巴嫩战场投入使用。

反辐射导弹中的佼佼者

美国的"哈姆"反辐射导弹是当今世界上反辐射导弹中的佼佼者。它于 1972 年开始研制，1975 年 8 月开始飞行试验，1980 年 11 月基本型 AGM—88A 投入小批生产，1983 年 3 月批准投入全速率生产阶段，同年 5 月开始服役。"哈姆"的最大射程低空 25 千米，高空（约 9144 米高度）最大射程 80 千米，最大速度马赫数 2.9。与"百舌鸟"和"标准"相比，"哈姆"的显著优点：一是导引头覆盖频段很宽。"哈姆"只有一个宽带被动雷达导引头，但频率覆盖范围达到 0.8—20 吉赫兹（C–J 波段），是目前所有反辐射导弹中最

◆◆◆◆ 兵器简史 ◆◆◆◆

反辐射导弹不仅在海湾战争中发挥了重要作用，在越南战争和美利冲突中作用也十分明显。1986 年 3 月 24 日晚，美国海军两架 A—6E 攻击机向利比亚锡德拉湾海岸的"萨姆"5 地空导弹发射阵地，连发两枚"哈姆"导弹，即将其火控制导雷达全部摧毁，消除了对美海军航空兵的威胁，为下一步袭击作战奠定了重要基础。

高的。其导引头的覆盖频段占据了当时苏联 97% 以上防空雷达的工作频段。二是导引头灵敏度很高。除了能像"标准"那样从敌方雷达旁边进行攻击外，"哈姆"甚至能从辐射最弱的尾部进行攻击，这使它更难被对方发现、识别和诱骗。采用了可编程技术，使导弹能够锁定、攻击包括连续波雷达在内的多种体制雷达，并可能只通过软件改进就能对付新的威胁。

实战应用

"哈姆"导弹在现代战争中应用较多，两伊战争中，伊拉克使用该型导弹攻击伊朗美制霍克地空导弹制导雷达，发射 8 枚，7 发命中目标。海湾战争期间，英军使用"狂风"战斗机携载该型弹攻击伊军雷达，共发射 100 枚，命中率 90%。

◖ 工作人员正将"哈姆"导弹运进航空母舰的武器库

兵器知识

> 视线指令制导导弹属于第二代导弹
> AT-4 属于步兵便携式导弹

反坦克导弹 》》》

反 坦克导弹是指用于击毁坦克和其他装甲目标的导弹。和反坦克炮相比,反坦克导弹重量轻,机动性能好,能从地面、车上、直升机上和舰艇上发射,命中精度高、威力大、射程远,是一种有效的反坦克武器。战后以来,反坦克导弹的发展受到各军事大国的重视,从20世纪50年代中期开始有所发展。

最有效的反坦克武器

1946年,法国的诺德——阿维什公司开始研制反坦克导弹,1953年前后研制成功SS-10型反坦克导弹,并在1956年的阿尔及利亚战场上使用。SS-10型是世界上最早装备部队,最早实战使用的反坦克导弹。此后,反坦克导弹发展很快,目前已发展到第三代。在20世纪70年代后的多次局部战争中,特别是海湾战争表明,反坦克导弹是当今最为有效的反坦克武器。

发展历程

20世纪60年代末之前服役的导弹为第一代反坦克导弹,其代表型有法国的SS-10、SS-11、SS-12,西德的"眼镜蛇",日本的"马特",英国的"摆火",苏联的AT-1、AT-2和AT-3。其中法国研制的SS-12导弹的各项指标在当时都属最好水平,它于1962年开始装备。第一代导弹大都采用手控有线制导,反坦克导弹射手易遭到对方攻击,导弹飞行速度较低,机动能力也较差。第二代反坦克导弹是70年代初至70年代末服役的导弹,其代表型有苏联的AT-4、AT-5、AT-6,美国的"陶""龙",法国的"哈喷""阿克拉",德国的"毒蛇"等。这一代导弹中,各项性能最好的是"陶",其次是"霍特"、"米兰"和"龙"式反坦克导弹。

↑ "陶"式导弹

↑ "龙"式导弹

兵器解密

　　"米兰"导弹由法国和德国联合研制，1972年装备部队，是轻型中程第二代反坦克导弹的典型代表。该导弹长760毫米，弹径103毫米，弹重6.7千克，系统全重27千克，破甲厚度700毫米，射程25—2000米。"米兰"2弹径115毫米，破甲厚度1000毫米。

　　"龙"式导弹已经有多次改进，其射程由最初的1000米提高到1500米，改进了瞄准制导方式，单发命中概率提高到85%。

　　第三代反坦克导弹是指80年代初以后服役的导弹和正处于研制阶段的导弹。这一代反坦克导弹性能明显提高，其代表型为美国的"陶"2、"陶"3、"狱火"（又译"海尔法"），"坦克破坏者"等。这一代反坦克导弹的特点是通过车载和机载提高了机动能力，进一步增大了射程，提高了飞行速度和命中率，在制导方式上开始采用激光、红外、毫米波等新体制。

制导方式

　　现代反坦克导弹采用了激光、红外、毫米波等先进的制导方式，彻底抛弃了导线，从而使导弹有了发射后不管、自动导向目标的能力。激光制导反坦克导弹实际上多为半自动导引型，其发射方式和航空激光制导炸弹是一样的，即瞄准手必须在导弹命中坦克之前始终用激光器发射出的激光束瞄准坦克，坦克接受照射后必然产生一种激光辐射，反坦克导弹所需要的就是这种辐射，于是它便径直向坦克飞去，只要这种辐射不中断，它就能命中目标。这种制导方式实际还要射手保持瞄准，虽然发射导弹的飞机或车辆发射后不管了，可瞄准手还得管，所以也有很大危险。

　　毫米波自动导引是一种真正的发射后不管的导弹。毫米波是指波长相当于10—1毫米，频率30—300千兆赫的一种电磁波。这种毫米波段有一种很奇特的现象：大地自然地形有比较低的反射性和比较高的放射率，而金属目标则恰恰相反，它却具有较高的反射性和较低的放射率。这也就是说，当一辆坦克在野外开进时，坦克与背景（大地）毫米波的反射性就有明显差异，即坦克的反射性较高。利用这一原理，把导弹寻的头做成毫米波被动导引式，让它自己去感受这种变化，去追踪反射性较高的目标，当达到真正的发射后就不管了。

　　除毫米波制导外，红外成像制导也具有发射后不管的功能。

◀◀◀兵器简史▶▶▶

　　1943年，纳粹德国陆军为了抵挡苏联红军强大的坦克优势，在空军X-4型有线制导空空导弹方案的基础上，研制了专门打坦克的X-7型导弹。1944年9月，X-7基本研制成功，但未及投入使用就战败投降了。

> "陶式"可车载、直升机、步兵发射
> 目前,"陶"式装备世界41个国家的陆军

兵器知识

"陶"式反坦克导弹 >>>

"陶" 式反坦克导弹是美国研制的一种光学跟踪、导线传输指令、车载筒式发射的重型反坦克导弹武器系统。它主要用于攻击各种坦克、装甲车辆、碉堡和火炮阵地等硬性目标。与第一代反坦克导弹相比,"陶"式反坦克导弹具有射程远、飞行速度快、制导技术先进和抗干扰能力等特点。

研制历史

1962年,美国休斯飞机公司开始研制"陶"式反坦克导弹,它于1965年发射试验成功,1970年大量生产并装备部队。"陶"式反坦克导弹系统从列装开始经过多次改进,并一直在美军和进口国军队中服役。据美军称,经过一万两千多次试验、教练和战斗发射的检验,"陶"式反坦克导弹系统的可靠性超过93%。

在"陶"式反坦克导弹将近40年的发展过程中,公司研制了以下型别:装备BGM-71C导弹的"陶"1,装备BGM-71D导弹的"陶"2,装备BGM-71E导弹的"陶"2A和装备BGM-71F导弹的"陶"2B。此外,该公司还为系统研制了装有反掩体战斗部的BL-AM导弹。

原型导弹

"陶"式导弹采用红外线半主动制导,最大射程为3000米(直升机发射的最大射程为3750米),最小射程为65米。命中率500米以内为90%,500—3000米可达到

全武器系统由筒装导弹和发射制导装置组成

100%。武器系统由导弹、发射装置和地面设备三大部组成。发射筒长1676.4毫米,重5.3千克,导弹长1.164米,弹径152毫米,全弹质量18.47千克。由战斗部、控制系统、发动机、尾段组成。弹体为圆柱形,弹翼平时折叠,发射后展开。

"陶"1型

"陶"1型于1981年装备美国陆军,这种导弹在原"陶"型的基础上将发射管缩短到1067毫米,有利于克服在较大横向风条件下操纵发射装置的困难。为适应车载和直升

"陶"2反坦克导弹的发射装置可用于发射所有的反坦克导弹型号。在发射时自动确定其型号,并在制导过程中进行相应的校正。"陶"2反坦克导弹系统战勤班由4人组成,但系统各部分封装携行时需要7人。

机载的发射,将导弹射程从3000米增大到3750米。此外还配装了AN/TAS-4夜间瞄准具。战斗部内腔中安装了可伸缩的长约305毫米的圆柱形探针,可使炸高从原来的0.9倍弹径提高到3倍弹径。战斗部上装有压电开关,增加了战斗部起爆的可靠性。穿甲能力可达800毫米。

"陶"2型

"陶"2型于1979年开始研制,1983年装备部队。主要改进型是:①采用大口径战斗部,战斗部直径加大到152毫米,重量增加到5900克,弹头前部探针由305毫米增至540毫米,破甲厚度达940—1030毫米。②采用增程发动机,射程由3000米增至3750米。③新增了一个二氧化碳激光器光标,使制导性能有所改善,提高了导弹在烟幕灰尘或恶劣气候条件下的作战能力。④发射装

置采用了新的数字式发射制导装置。⑤装有改进的 AN/TAS-4A 红外热成像夜视瞄准具,工作波长为12微米。

"陶"2A型于1987年装备部队,在"陶"2的基础上采用了两级串联空心装药,提高了精度和威力。

"陶"2B型于1992年装备部队,该系统是美国第一种用导弹自上而下摧毁目标的反坦克导弹系统。

🔸 "悍马"吉普车上安装的"陶"式反坦克导弹正在发射时的情景

> **LOSAT 具有良好的战略机动性**
> **通常,整个武器系统有 3 名乘员**

动能导弹 >>>

在众多的反坦克武器中,美国洛克希德·马丁公司研制的"瞄准线反坦克"(LOSAT)武器系统的设计非常独特,这种专用的反坦克武器系统不是采用传统的爆炸弹头,而是依靠超高速"动能导弹"直接碰撞来摧毁目标。有关专家预言,在未来的高技术战争中,灵活机动的"瞄准线反坦克"武器系统将会发挥巨大作用。

创新设计

从 20 世纪 70 年代后期开始,被称为"陆战之王"的坦克的装甲技术发生了质的飞跃,装甲已经从普通均质钢板走向多元化。这些新型装甲的陆续出现,使得装甲目标在不增加重量的情况下防护能力得到了显著提高。为了获得既能有效对付坦克新型特种装甲,又便于大量空运的武器系统,在 20 世纪 80 年代后期,一些国家决定发展新型攻击武器。

1990 年,美国洛克希德·马丁公司被授予一份合同,用于开展动能导弹的研究。同年,动能导弹飞行试验开始。1992 年,"瞄准线反坦克"导弹计划启动。

2002 年 8 月,洛克希德·马丁公司接受了第一份生产合同,用于制造 108 枚导弹。2003 年 6 月 11 日,LOSAT 在白沙导弹靶场成功完成了首次工程发展飞行试验,LOSAT 发射了一枚射程大于 3000 米的动能导弹,

LOSAT 安装在一辆经过改进的"悍马"M1113 战车底盘上。

目前，试验阶段的动能导弹重量 78.93 千克，全长 2.87 米和直径 162.56 毫米，射程达到 5000 米。具有空运机动部署能力，完整系统能够由 C-17、C-130、C-141、C-5 运输机 CH-47 运输直升机等空运，也能用运输能力和舱室较小的 UH-60L 直升机吊载。

⬆ "瞄准线反坦克"武器系统能够在最大的直射战斗射程内由两三名士兵操作使用，具有昼夜全天候作战能力，并能够穿透目前所有的装甲系统。

命中了一辆 M60 坦克。

2003 年 8 月 12 日，LOSAT 进行了首次认证阶段试验。以后，又进行了多次不同距离、不同气象条件下对移动目标进行的打击，试验结果良好，全部"认证试验"阶段试验在 2004 年 3 月结束。

系统结构

"瞄准线反坦克"安装在一辆经过改进的"悍马"M1113 战车底盘上。整个武器系统由动能导弹、导弹运送和储藏箱、发射单元和支持设备所组成。其中，支持设备由再装填系统、第二代前视红外/光电系统、视频探测传感器目标捕获系统、火控系统和脉冲激光系统等所组成。4 枚装入的动能导弹安装在经过改进的重型"悍马"M1113 战车的顶部内置式发射箱体式装置内。动能导弹发射时，尾焰要对车辆造成一些影响。生产型发射准备时，发射装置前端的保护盖板和箱体采用铰链连接，因此向下翻转打开可遮盖住战车前挡玻璃，减轻导弹尾焰对车体和车内人员的不利影响。

导弹运送和储藏箱也就是再补给部分，一般安装一辆两轮挂车上，由战车拖载，一般储存 8 枚导弹。

优良的性能

LOSAT 重型反坦克武器系统最引人注目、最具特色的是它那威力巨大的超高速动能导弹。目前，世界上的反坦克导弹都采用聚能破甲的原理，LOSAT 则是通过动能弹芯来穿甲。动能导弹的弹头不装炸药和引信，导弹内的传感器和控制机械装置没有可动部件。导弹弹头只装有一根硬度极高的钨合金长杆弹芯。动能导弹的最大飞行速度为每秒 1524 米，已接近于目前主战坦克发射的脱壳穿甲弹的水平。导弹最大射程为 5000 米，飞行到最大射程时的时间少于 4 秒，这也是其他反坦克导弹所不可比拟的。

新的发展

更先进的下一代"紧凑动能导弹"（CKEM）系统已经研制成功，正在进行试验。与"瞄准线反坦克"武器系统相比，"紧凑动能导弹"更轻、尺寸更小、飞行速度更快，而且其作战范围更广。

◀◀◀ 兵器简史 ▶▶▶

2004 年 1 月 8 日，LOSAT 进行了两次试验均取得了成功。第 1 枚动能导弹成功摧毁了约 2.4 千米外正在移动的时速为 35.4 千米的 M-60 坦克；第 2 枚则摧毁了相同距离上迎面行驶的坦克。

> 发射"标枪"时可采用站、跪、卧及坐姿
> "标枪"整套系统约重22.7千克

"标枪"反坦克导弹 »»

"标枪"反坦克导弹是美国20世纪80年代中期开始研制的第四代反坦克导弹,它不仅用于肩扛发射,也可以安装在轮式或两栖车辆上发射,而且兼有反直升机能力。"标枪"反坦克导弹是世界上最为先进的中程反坦克导弹,具有重量轻、精确度高、发射模式多等特点,能有效打击最新式的坦克目标。

"标枪"发射后,它会自主制导飞向目标,这样,士兵可以迅速移动以躲避敌方还击火力或快速准备下一轮攻击。

"发射后不管"

"标枪"在反坦克导弹发展史上是一个里程碑,它采用技术最先进的红外热成像制导方式,真正具备"打了就不用管"能力,即导弹发射后能自动跟踪攻击目标,不需任何人为干预。

传统肩射式反坦克导弹均是指令制导的,为了命中坦克,士兵必须瞄准目标并且引导导弹飞行。发射这样的导弹通常会发出很大的声响,烟雾及碎片会从导弹的发射管尾部冲出,这样很容易导致敌人发现导弹的来源并进行还击,而通常线导导弹从发射到命中几乎需要近10秒时间,过长时间在发射位置上难免不遭到火力杀伤。此时,士兵必须要么击毁坦克,要么放弃这次攻击。但是,"标枪"反坦克导弹发射后,它会自主制导飞向目标,这样极大提高了近距离作战中参战人员的生存能力。在导弹的整个飞行期间并不要求操作手一直守在发射位置上,这样就避免了对方反步兵火力的杀伤,同时士兵可以快速准备下一轮攻击。

数字成像芯片

"标枪"制导系统的核心是一组数字成像芯片,能够探测出战场上物体所发出的不可见的红外射线。士兵使用光学或红外观

"标枪"导弹体重11.8千克，长108厘米，弹体直径12.6厘米。具备双弹头设计，可以同时引爆目标的表层防护，另一弹头则穿透装甲，深入破坏。每套系统都具有两种性能，一种用以攻击装甲车车顶，一种用以攻击直升机和碉堡等。

兵器解密

察器瞄准目标。步兵发现目标后按下发射按钮，导弹成像芯片捕获目标电子图像，导弹自行从发射管中发射。在导弹飞向目标途中，其摄像系统每秒获取目标的新图像并与其存储器内的图像进行匹配，如果目标移动，导弹仍会锁定它直至摧毁。

两种攻击模式

"标枪"系统有两种交战模式，"顶部攻击模式"主要用于反主战坦克和装甲车，"正面攻击模式"主要用于打击工事及非装甲目标。"顶部攻击"模式使得导弹规避了坦克所采取的普通对抗手段，如产生烟雾以混淆导弹及士兵的视线。更重要的是，"标枪"所攻击的是坦克装甲最为薄弱的敌方。

◄━━ 兵器简史 ━━►

1989年，美国陆军提出研制新型步兵反坦克导弹项目要求。1992年8月"标枪"反坦克导弹进行首次试验，并取得成功。1994年，该导弹开始生产，1996年开始部署于乔治亚洲的本宁堡陆军基地。

在进行攻顶作战时这种导弹以18°的高低角发射，惯性助推装置完成助推的时间仅需几秒钟。射击时由瞄准控制单元测量目标距离，自动控制导弹弹道高度，以保证准确地将目标套进导引头视角。由于标枪导弹采用管式发射和自动寻的，射出后马上就能自动导向目标。

"标枪"导弹是美军最新一代的单兵便携式全天候中型反坦克导弹，也是世界上第一种便携式"发射后不管"的反装甲导弹系统。

导弹克星

在现代战争中，导弹是出奇制胜的法宝，是作战必不可少的武器，也是未来战争中的重要进攻性武器之一。由于导弹突出的作用和地位，所以用来对付导弹的武器和方法也应运而生了，如反弹道导弹、导弹预警系统、反导系统以及利用电子干扰导弹运行的方法等，这些武器设备可以及时发现和拦截导弹，因而被称为导弹的克星。

> 高空拦截导弹又称被动段拦截导弹
> 低空拦截导弹又称近程拦截导弹

兵器知识

反弹道导弹 »»»

反弹道导弹是指用于拦截来袭弹道导弹的导弹，它主要由战斗部、推进系统、制导系统、电源系统和弹体等组成。反弹道导弹具有射程远、速度快、精度高、杀伤破坏性大等特点，其多与目标预警、目标识别与引导以及指挥控制通信系统等构成导弹防御系统。同时，它是国家战略防御系统的重要组成部分。

研制历史

早在第二次世界大战期间，德国使用V-2导弹袭击伦敦时，英国就开始寻求在空中拦截V-2导弹的防御手段，曾提出包括反弹道导弹导弹、预警和跟踪导引雷达所组成的防御方案，为研制反弹道导弹武器系统奠定了基础。

20世纪50年代初，美国和苏联在防空导弹的基础上，从理论上论证了研制反弹道导弹导弹的可行性，并进行了一系列的试验。60年代初，美国研制成"奈基—宙斯"反弹道导弹导弹，最大射程为640千米，因其识别能力差、拦截概率低，未进行部署。同时，苏联研制成了"橡皮套鞋"反弹道导弹导弹，最大作战半径为640千米，最大拦截高度为320千米，有效杀伤半径为6—8千米，60年代中期在莫斯科周围进行了部署。

1980年，苏联部署的是"橡皮套鞋"改进型SH-04反弹道导弹导弹，它可在飞行中关闭发动机，在滑行中等待地面指令再次启动对目标实施拦截。同时，还装备了SH-08型高速、低空拦截导弹。1983年，美国提出了建立多层次反弹道导弹导弹防御系统，着手研制非核拦截导弹、超高速拦截导

C-130运输机释放红外诱饵导弹，诱饵是用来迷惑导弹的制导系统的设备。红外诱饵以发出热量吸引导弹的红外制导系统，导弹碰上红外诱饵会爆炸，而飞机会得以脱逃。

兵器解密

1975年，美国在大福克斯、怀特曼等反导场地部署了由低空拦截的"斯普林特"和高空拦截的"斯帕坦"两种反弹道导弹导弹所组成的"卫兵"防御系统，但该系统难以拦截多弹头和带突防装置的弹头，于1976年2月宣布关闭。

的固体火箭发动机。为了获得良好的飞行加速性，通常由火箭主发动机和火箭助推器组成推进系统。当拦截来袭机动弹头时，反弹道导弹导弹的末级发动机一般采用推力和方向均可控制的固体火箭发动机，也可采用能多次启动和调整推力的液体火箭发动机。

作战过程

当对方弹道导弹发射起飞并穿过稠密大气层后，探测跟踪分系统搜索其发射的弹道导弹，发现目标后立即发出预警并继续跟踪，同时将跟踪数据传送至指挥控制分系统；指挥控制分系统对接收的数据进行处理，生成作战数据并传送到作战武器分系统；作战武器分系统利用这些数据对来袭导弹实施拦截。对于不同的反弹道导弹系统，拦截交战可发生在来袭弹道导弹飞行过程中的助推段（即导弹起飞到发动机关机）、中段(导弹或分离后的弹头在大气层外飞行阶段)和再进入段(导弹或弹头重新进入大气层的飞行阶段)，拦截交战可在大气层内低空、大气层内高空和大气层外进行。

"箭"2导弹发射升空，"箭"式防空导弹是以色列和美国合作研制的专门拦截弹道导弹的防空导弹。

弹等。1991年，美国陆军ERIS拦截器试射成功，该拦截器从夸贾林岛靶场发射并发射，在空中摧毁了从7770千米以外的范登堡空军基地发射的导弹模拟核弹头。

分类和推进系统

通常反弹道导弹导弹分为两类：高空拦截导弹，一般用于在大气层外拦截来袭弹道导弹。低空拦截导弹，用于在目标上空拦截来袭弹道导弹。反弹道导弹导弹的主要特点是反应时间短、命中精度高。其中，高空拦截导弹受到普遍重视。

推进系统是使导弹获得一定飞行速度的动力装置。一般采用推力大、启动时间短

兵器简史

苏联于1961年3月使用V-1000导弹进行反导拦截试验，V-1000导弹从1500千米之外发射，成功地拦截了R-12弹道导弹的弹头，V-1000导弹的拦截原理是在高空引爆核弹头，V-1000导弹属于苏联A-35反导系统的一部分。

兵器知识 > 电子干扰分为积极干扰和消极干扰
电子干扰是一种"软杀伤"手段

电子干扰 >>>

在现代战争中,导弹已经成为一种最重要的进攻武器,因此,为了应付导弹的威胁,各国不断研究发展导弹的防御系统。其中,电子干扰就是一种重要的作战手段。电子干扰泛指一切影响破坏电子设备和系统对有用信号的检测及利用的电磁辐射。在战场上,电子干扰具有一种无形的杀伤力,可以使敌方阵脚大乱,因此被誉为"无形杀手"。

EA-6B"徘徊者"是唯一向美国空军提供机载电子干扰能力的飞机。

"神奇"的剃须刀

1943年,一艘盟军的军舰在大西洋上的比斯开湾护航时遭到了德国空军的猛烈攻击,结果舰毁人亡。而让盟军吃尽苦头的是德军研制的编号为HS-293的制导炸弹。盟军找来科学家,想尽办法找出干扰其制导信号的办法,但始终一无所获。

然而有一天,德国的轰炸机又向一艘护卫舰一次性发射了两枚HS-293。眼看护卫舰无处可躲,可两枚炸弹却跟跄着偏离了正确方向,远远地落入水中!惊魂未定的科学家们对这一幕大感兴趣,遂要求调查炸弹扔下来时舰队的水兵们是不是在使用什么电子器件。事情很快弄清楚了:德国人的炸弹扔下来时,舰队的另一艘护卫舰上有位军官正在用电动剃须刀刮胡子。科学家们在经过冒险的实验后,证明了是小小的剃须刀让德国人发射的HS-293全部失灵。

这是什么原因呢?原来电动剃须刀转动时会产生微弱的电磁波,这些电磁波的波长碰巧与制导HS-293炸弹的无线电波波长相似,从而对HS-293的遥控指令产生了影响。就像现在我们看电视或听广播时,如果有人在附近使用电动剃须刀,就有可能出现这样的现象:电视屏幕上布满雪花、广播里充满"沙沙"声,这就说明电视或广播信号受到了电动剃须刀电磁波的影响。

一直以来,电子干扰与反干扰的斗争此起彼伏、永不停息。为了在电子对抗斗争中取胜,要求电子干扰的保密性和针对性强,技术不断更新,反应迅速、手段多样、出其不意,同时还要求技术与战术紧密结合。

兵器解密

何为电子干扰

电子干扰是利用电子干扰装备,在敌方电子设备和系统工作的频谱范围内采取的电磁波扰乱措施,它是常用的、行之有效的电子对抗措施。干扰对象通常是敌方的雷达、无线电通信、无线电导航、无线电遥测、武器制导等设备和系统。有效电子干扰会造成敌方通信中断、指挥瘫痪、雷达迷盲、武器失控等严重后果。

对导弹的干扰

要阻止敌人导弹的袭击,有效的防御途径是对导弹发射器所配备的雷达进行电子干扰。无论在任何情况下,导弹一旦发射出去,防御的重点就应该转移到如何摧毁来袭导弹上面来。导弹是由安装在其前部尖端的自导头来指引打击目标的,自导头就是导弹的眼睛,通常有几种形式。对利用无线电频率自导头搜索目标的导弹进行干扰的工作原理类似于对雷达进行干扰的原理,查找出来袭导弹的自导头使用频率,利用噪声和更高功率的电磁波对自导头进行干扰,改变导弹的运行轨迹,使其丧失搜寻目标的能力乃至自爆。

◀━━ 兵器简史 ━━▶

1999 年发生的科索沃战争是电子战得以大显身手的一个广阔舞台,南联盟军队共向北约飞机发射了大约 700 枚"萨姆"导弹,但由于北约军队(主要为美国军队)采取的电子对抗措施十分成功,结果只有两架北约军机被南联盟军队击落。

如何干扰

对来袭导弹进行电子干扰有两种途径:一是对发射导弹的飞机进行电子压制,或者打断飞机与导弹之间的电子联络。

比较难以干扰的导弹是热搜索导弹,这种导弹利用红外线搜索器进行目标搜索。安装红外线搜索器的导弹比较有名的包括美国空军装备的"毒刺"肩发式便携导弹等。摧毁安装有红外搜索器导弹的有效办法之一是利用相应的波长激光,将来袭弹头上的红外搜索器"致盲"。发射导弹的飞机通常安装有雷达预警接收器,只要与电磁波产生接触,接收器就会向飞行员发出警报。

但肩发式的导弹不同,因为它是在发射者看到目标后才开始发射的,没有也不需要雷达的引导和帮助,所以干扰起来也比较困难。因此,要对肩发式导弹进行电子干扰,最理想的办法就是发明一种"智能"干扰机,让它在第一时间发现来袭目标,然后向导弹的搜索器发射出干扰信号,使其改变原来的飞行轨迹。

德军研制的 HS-293 的制导炸弹

导弹预警系统 >>>

导弹预警系统用于早期发现来袭的导弹并根据测得的来袭导弹的运动参数提供足够的预警时间,同时给已方战略进攻武器指示来袭导弹的发射阵位。它通常由预警卫星监视系统和地面雷达系统组成。它必须预警时间长、发现概率高、虚警率低、目标容量大,并能以一定的精度测定来袭导弹的轨道参数。

预警卫星监视系统

预警卫星主要用于判定来袭导弹的发射位置,记录发射时间并粗测导弹的速度矢量和弹道射面。这个系统由多颗同步卫星组成。卫星上装载有可见光和红外波段扫描探测器,能探测导弹主动段飞行时的发动机喷焰和核爆炸。用长波红外技术还可探测刚熄火的运载火箭和弹头。这种系统发现目标早,不受地面曲率的限制,但虚警率高。为了提高测量精度和降低虚警率,正在发展低轨道预警卫星。

迄今,全世界已有二十多个国家发射了自己制造的卫星,但作为弹道导弹防御系统重要组成部分和获取航天发射情报主要手段之一的预警卫星,却只有美、俄两国拥有。

地面雷达系统

地面雷达系统又分为洲际导弹预警雷达网和潜地导弹预警雷达网。根据来袭导弹在不同飞行阶段的物理现象,可以采取不同的探测手段进行监测。工作波长从可见光、红外一直到微波波段。

洲际导弹预警雷达网:由多部地面雷达组成的雷达网,能覆盖导弹可能来袭方向的全部视界。它能为对付来袭洲际导弹提供15—25分钟的预警时间。雷达网通常选用早期预警雷达和目标截获和识别雷达,作用距离在2500—5000千米的范围内。

潜地导弹预警雷达网:也由多部地面雷达组成,雷达网覆盖海岸线以外潜艇可能发射的阵位,在方位上的搜索空域很宽,通常选用多阵面全固态相控阵体制(见相控阵雷达)对付来袭潜地导弹,能提供2.5—20分钟的预警时间。潜地导弹的发射阵位经常变换,来袭的方向不定,因此还可以采用空中机载或卫星装载的专用预警系统。

超视距雷达:也是一种探测手段,但由于电离层不稳定和高纬度区的极光干扰,虚警率较高。

如何工作

在来袭导弹起飞并穿过稠密大气层后,预警卫星的红外探测器首先发现目标,经

最危险的导弹是在太空中飞行的导弹。未来的天基激光卫星就能使用化学激光专门攻击进入太空的洲际弹道导弹,并且还能制止潜在敌人发射大规模杀伤性武器。

60—90秒的探测和监视便能准确判定其发射位置或出水面处的坐标。导弹穿过电离层时喷焰会引起电离层扰动,卫星监视系统检测这种物理现象,借以进一步核实目标。在导弹进入地面雷达预警网的视界后,早期预警雷达测量来袭目标的数量和瞬时运动参数,计算弹头返回大气层和落地时间并估计目标属性。根据星历表和衰变周期,预警系统不断地排除卫星、再入卫星、陨石和极光等空间目标的可能性,以降低虚警率,减小预警系统的目标量。目标截获和识别雷达随即截获目标并进行跟踪和判别,利用雷达回波中的振幅、相位、频谱和极化等特征信号粗略识别目标的形体和表面层物理参数,估计来袭目标可能会造成的军事威胁。有关目标的全部情报数据通过通信网快速传到空间防御中心和反导拦截系统,供防御指挥机关来决策。

美国的导弹预警系统

1958年5月,美国与加拿大签署了北美防空(NORAD)计划,目的是对入侵北美的飞机、导弹和太空武器进行监测、预警和拦截,手段包括卫星监测、地面雷达搜索、地面拦截器以及E-3机载预警系统。

如今,美军已建立起由天基预警卫星、空中预警机和陆基预警系统组成的多层次、全方位的预警探测系统,据说可以探测到几乎所有的弹道导弹发射。天基预警卫星系统由"国防支援计划"卫星系统组成。空中预警机具有远程预警、指挥控制战的功能,能协调三军联合作战。

在陆基预警方面,已建立了对洲际弹道导弹、潜射弹道导弹、巡航导弹、轰炸机进行预警的多种雷达预警系统,主要有北方弹道导弹预警系统、北方预警系统、潜射弹道导弹预警系统、联合监视系统和超视距雷达系统等。

美国天基预警系统

1961年7月12日,美国发射成功第一颗"迈达斯"导弹预警卫星。

美国的"国防支援计划"(DSP)是NO-AD中的一项卫星预警支援计划,它为美国及其盟国在全球的驻军提供导弹入侵预警服务。DSP卫星星座布设在35780千米的

◄兵器简史►

1962年11月15日,"德涅斯特"雷达在苏联国防部第10试验场进行了首次试运行。当时,在摩尔曼斯克、里加、伊尔库斯克和巴尔喀什共设立了4部这种雷达。最早的"德涅斯特"雷达主要用于对弹道导弹和太空飞行物的监测和跟踪。

地球同步静止轨道上,由5颗卫星组成,实时监测全球导弹发射、地下核试验和卫星发射情况。到了20世纪80年代,DSP地面站已建立成3个固定站、1个移动站和1个技术支持站。美国本土、澳洲和欧洲各1个固定站,接收、处理各自地区的DSP卫星数据。此外,还有一个美国陆军与海军的移动式联合战术地面站,直接接收DSP卫星信号,并与DSP地面处理中心相连,以实时获得导弹预警信息。

"天基红外系统"

尽管DSP系统在其近40年的服役期中表现可圈可点,但它毕竟是几十年前设计的老系统,虽然一再改进,仍然暴露出了很多问题。如无法对机动式导弹的发射进行有效地监控,无法对导弹的弹道进行跟踪或预测等。在这样的情况下,美国提出了多项DSP后续计划,其中最重要的就是"天基红外系统"SBIRS。

SBIRS由地面站和空间部分两大部分组成。其中地面站

◯ E-3预警机是美国波音公司根据美国空军"空中警戒和控制系统"计划研制的全天候远程空中预警和控制机,具有下视能力及在各种地形上空监视有人驾驶飞机和无人驾驶飞机的能力,别名E-3"望楼"。

美国的"国防支援计划"（DSP）系统是"冷战"的产物，其面向洲际导弹入侵预警，因此对射程较近、红外辐射较弱的战术弹道导弹探测能力不强；且卫星数据要经过设在国外的地面站再传回美国，延误时间较长。

美空军设想的"上帝之棒"天基威慑武器，其原理是从太空投掷钨、钛或铀等金属制成的圆柱体来摧毁目标。

包括设在美国本土的星座测控站和设在加拿大、日本、韩国以及欧洲一些国家的数据接受站。空间部分包括工作在 3 个不同高度的卫星星座，分别是低轨星座、高轨星座和静止轨道星座。目前，SBIRS 计划正在逐步进行当中，目前系统的测试工作进展顺利。预计 SBIRS 将于 2012 年起开始取代 DSP 成为美国最主要的导弹预警系统。

俄罗斯导弹预警系统

苏联弹道导弹战略预警系统分空间和地面两部分。苏联从 20 世纪 70 年代开始研制卫星预警系统，1976 年开始发射"眼睛"（Oko）预警卫星，运行在近地点 600 千米、远地点 40000 千米的大椭圆轨道，满编为 9 颗卫星。若要不间断地监视美国弹道导弹发射地域，在来袭导弹发射后 20 秒内捕捉到目标并通报防空反导部队，至少需要 4 颗卫星。目前，俄在轨工作的"眼睛"卫星尚有 4 颗，勉强能完成上述任务，但无法对美、英、法的潜射导弹进行全面监视。1988 年苏联开始发射"预报"（Prognoz）地球同步轨道预警卫星，用来监视美国陆基洲际弹道导弹和

海基潜射导弹的发射。上述两个系统联合使用，可实现对美国导弹基地的监视，对洲际弹道导弹提供 30 分钟的预警时间。

地面雷达预警系统由超视距后向散射雷达组成。其使命是进一步确认导弹发射或袭击的事实，确定其主要攻击的目标，为最终确定核力量战备等级和是否还击提供决策基础。俄罗斯对战略导弹袭击的预警主要依赖空间预警系统但由于资金缺乏等原因，卫星的研制和补充都存在着严重障碍，导弹预警能力在下降。

俄罗斯预警系统的发展

1999 年 8 月 26 日，俄罗斯在普列谢茨克航天发射场成功发射了一颗"宇宙"-2366 号弹道导弹预警卫星，2000 年年初又利用"天顶"运载火箭将"宇宙"-2369 号卫星送入轨道，这是"处女地"-2 系列中的又一颗侦察卫星。俄国防部还利用"质子"运载火箭发射"琥珀"-4K2 摄影侦察卫星，发射 1 颗"彩虹"-1 号军用通信卫星和全球卫星定位系统的 3 颗"飓风"卫星。据悉，目前俄太空导弹防御部队监视着 8500 个太空目标，并形成了对美国全境洲际导弹发射场的全天候监视。

进入 21 世纪，俄罗斯导弹预警系统的发展也进入了一个高速前进的新阶段。俄罗斯还提出建立全球预警系统网络的国际合作计划，不断完善反导预警系统，提高空间预警能力。

兵器
知识

> 任何反导系统都无法应付饱和式打击
"卫兵"防御系统用于导弹分层拦截

反导系统 >>>

弹道导弹防御系统是拦截敌方来袭的战略弹道导弹的武器系统。它包括弹道导弹预警系统、目标识别系统、反弹道导弹导弹、引导系统和指挥控制通信系统。美国和苏联早在 20 世纪五六十年代就开始研制反导系统,并花费了巨大的人力和财力。目前,美国在中段反导和末段反导方面走在前面。

拦截时段

导弹在上升阶段时拦截效果最好,因为此时弹道导弹刚起飞不久,被击落后也是掉在敌人领土。但最突出的难点是需要在弹道导弹点火后第一时间就发现并进行攻击。如美 ABL—机载激光导弹拦截系统。

中段拦截是目前比较成熟的反导系统。弹道导弹中段飞行是指导弹发动机关闭后在大气层外以惯性飞行的阶段,这时它的弹道相对平稳和固定。如果拦截及时,掉落的残骸也不会进入本国领土。如美陆基中段导弹防御系统(GMD),海军全战区系统(NTW)。

末段拦截时,由于弹道导弹进入大气层开始俯冲阶段,弹头轨迹倾角大、速度通常在 7—8 倍音速以上,反导系统要捕捉它相当困难。如美陆军末端高空区域防御系统(THAAD)、海军区域防御系统(NAD)、扩展的中程防空系统(MEADS)、"爱国者"PAC-3 导弹防御系统。

发现和核实目标

当来袭弹道导弹发射起飞并穿过稠密

➡ 目标进入地球大气层后,新型的美军"爱国者"PAC-3 导弹采用猛烈撞击的方式将其摧毁,这就是所谓稠密大气层撞击杀伤截击。

大气层后,弹道导弹预警系统中的导弹预警卫星或预警飞机上的红外探测器探测到导弹火箭发动机喷焰,跟踪其红外能量,直到熄火。经过60—90秒的监视便能判定其发射位置或出水面处的坐标。导弹穿过电离层时,喷焰会引起电离层扰动,预警卫星监视这种物理现象,借以进一步核实目标。美国第三代地球同步轨道反导弹预警卫星上的红外望远镜能探测发射5—60秒的导弹喷焰,这将为反导弹系统提供4—6秒的作战时间。

测量所需数据

预警卫星发现导弹升空后,通过作战管理/指挥、控制、通信(BM/C3)系统,将目标弹道的估算数据传送给空间防御指挥中心,并向远程地基预警雷达指示目标。预警雷达的监视器则自动显示卫星上传来的导弹喷焰的红外图像和其主动段的运动情况,并开始在远距离上搜索和跟踪目标。预警雷达的数据处理系统估算来袭目标的数量、瞬时运动参数和属性,初步测量目标弹道、返回大气层的时间、弹头落地时间、弹着点、拦截导弹的弹道和起飞时刻以及拦截导弹发射等。同时,预警系统根据星历表和衰变周期,不断排除卫星、再入卫星、陨石和极光等空间目标的可能性,以降低预警系统的虚警概率,减少预警系统的目标量。

评估数据和下达指令

布置在防空前沿地带的远程地基跟踪雷达,根据预警雷达传送的目标数据,随时截获目标并进行跟踪,根据目标特征信号识别弹头或假目标(气球诱饵、自由飞行段突防装备、再入飞行器壳体生成的碎片子弹药等),利用雷达波中的振幅、相位、频谱和极

化等特征信号,识别目标的形体和表面层的物理参数,评估目标的威胁程度,并将准确的主动段跟踪数据和目标特征数据通过BM/C3系统快速传送给指挥中心,为地基反导弹系统提供了更大的作战空间。

指挥中心对不同预警探测器提供的目标飞行弹道数据统一进行协调处理,根据弹头的类型、落地时间以及战区防御阵地的部署情况和拦截武器的特性等因素,提出最佳的作战规划,制订火力分配方案,并适时向选定的防御区内反导弹发射阵地的跟踪制导雷达传递目标威胁和评估数据,下达发射指令。

不断修正控制指令

在拦截导弹起飞前,跟踪制导雷达监视、搜索、截获潜在的目标,进行跟踪,计算目标弹道,并在诱饵中识别出真弹头。一枚或数枚拦截导弹发射后,先按惯性制导飞行,制导雷达对其连续跟踪制导,以便把获取的更新的目标弹道和特征数据传输给拦截导弹,同时将跟踪数据发往指挥中心。

导弹预警卫星或预警飞机系统对来袭导弹的整个弹道进行跟踪,并将弹道估算数据通过BM/C3系统传给拦截导弹,以便其在弹道导弹高速飞行的中段实施精确拦截。

指挥中心综合来袭弹头和拦截导弹的

飞行运动参数，精确计算弹头的弹道参数、命中点以及拦截弹道、拦截点，通过拦截导弹飞行中的通信系统向拦截导弹适时发出目标数据和飞行参数（可进行多次修正）。

↑ 初产的 S400 可以击落 250 千米处、飞行高度从数十米到几万米的巡航导弹和飞机。新型 S400 发射新型远程导弹射程可以达到 400 千米。

摧毁目标导弹

制导雷达对拦截导弹进行中段跟踪制导，当拦截导弹捕捉到目标后，助推火箭与杀伤弹头分离。当来袭弹头在外大气层进入杀伤范围时，制导雷达在指挥中心的指挥下发出杀伤拦截指令，拦截导弹以每秒 10 千米左右的速度接近目标。

弹上探测传感器（主动导引头）实施自由寻的引向目标，根据目标飞行轨道参数，轨控和姿控发动机推进系统调整杀伤弹头的方向和姿态，最后一次判定目标，然后进行精确机动，与目标易损部位相撞，将其摧毁（或制导雷达下达引爆指令，引爆破片杀伤战斗部以摧毁目标）。

拦截过程中，地面雷达连续监视作战区域，收集数据，进行杀伤效果评定，同时将数据传送至空间防御指挥中心，以决定是否进行第二次拦截。

美国弹道导弹防御系统

美国陆基中段导弹防御系统（GMD）的主要作战目标是敌方远程弹道导弹、洲际弹道导弹。GMD 系统可以在弹道最高点拦截最大射程超过 10000 千米、最大速度达到 24 倍音速的洲际导弹，目前已开始初步部署，是世界上反导作战能力最强的系统。美国"宙斯盾弹道导弹防御"系统实际上是美国自 20 世纪 90 年代初以来一直重点发展的、可以海上机动部署的先进弹道导弹防御系统。自 2002 年以来，美国导弹防御局已经先后对该系统进行了 12 次拦截弹道导弹靶弹的飞行试验，10 次获得了成功，并于 2005 年开始部署。

美国的 TMD 是世界上起步最早、规模最大、影响最深远的战区导弹防御系统。海湾战争后不久，布什

↪ 俄罗斯的第三代防空导弹系统——"安泰"2500，是一种机动式多用途反导弹和反飞机防空系统，它不仅可以对付战役战术导弹，执行战区反导任务，而且还可以对付洲际弹道导弹。

俄罗斯的"安泰－2500"反导系统能够同时攻击24个气动目标，或者同时拦截16枚雷达反射面积为0.02平方米以下、飞行速度低于每秒4.5千米、射程2500千米以内的弹道导弹，对弹道导弹的最大拦截距离为40千米，最大拦截高度为25千米。

兵器解密

政府首次提出了发展导弹防御的基本步骤：首先是建立起"战区导弹防御"(TMD)系统，与此同时发展和部署"国家导弹防御"(NMD)系统，最后建立起全球性保护系统。

俄罗斯反导系统

"安泰－2500"反导系统是俄罗斯在S－300防空系统基础上研制的新一代防空和非战略导弹防御系统，也是世界唯一一种既能有效对付射程达2500千米的弹道导弹，又能拦截各种飞机和巡航导弹的综合性防空武器系统。

"凯旋"S－400导弹系统是由俄罗斯原金刚石中央设计局牵头设计，在S－300P的基础上以全新的设计思路研制的。它充分利用了俄罗斯在无线电、雷达、火箭制造、微电子、计算机等技术领域的最先进研究成果；配备了射程更远的新型导弹和新型相控阵跟踪雷达，雷达具有360°的全向覆盖能力。S－400首次采用了3种新型导弹和机动目标搜索系统，可以对付各种作战飞机、空中预警机、战役战术导弹及其他精确制导武器，既能承担传统的空中防御任务，又能执行非战略性的导弹防御任务。

其他国家反导系统的发展

以色列"箭"－2导弹系统被称为世界上第一种实用型战区弹道导弹防卫系统，拦截导弹最高飞行速度达到9倍音速，是世界上飞行速度最快的防空导弹。"箭"－2导弹系统配套的"绿松"地基早期预警、火控和导弹引导雷达是世界上作战能力最强的预警雷达。

印度的反导技术主要依靠了自身的发展，并整合了(他国的)雷达与本土设计的导弹。2007年12月6日，一枚印度自主研制的先进防空导弹成功地进行了导弹拦截试验，在15千米高空成功拦截了来袭导弹。

➡ "箭"2导弹防御系统可以发现500千米内的来袭目标，并可在50—90千米范围内同时拦截14个目标，其性能并不逊于美制"爱国者"导弹。

> "鹌鹑"导弹的外形很像一架小飞机
> B-52是美国空军的远程战略轰炸机

诱惑导弹 >>>

减小雷达反射面积,提高隐身性能是现代飞机和导弹设计中一项极其重要的战术技术指标。但有一种导弹却反其道而行,它的外形为矩形,可以最大程度地反射雷达回波,让对方雷达发现自己。这就是用于诱惑、干扰和摧毁地方重要目标的诱惑导弹。其中,著名的就是美国麦克唐纳公司专门为 B-52 战略轰炸机研制的"鹌鹑"导弹。

研制历史

美国从 20 世纪 50 年代中期开始研制诱惑导弹,到目前发展了两种型号。一种是专门为 B-52 战略轰炸机研制的一种用于辅助突防的诱惑导弹——"鹌鹑"导弹;另一种是亚音速飞航式武装诱惑导弹。

"鹌鹑"导弹的结构和性能

"鹌鹑"导弹采用飞机式气动外形布局,头部呈圆形,弹体呈短粗矩形,由玻璃钢制成,三角形弹翼位于弹体后部,面积 2.6 平方米,前缘后掠角 45°,后缘带有一对副翼,尾部有一对垂直尾翼,前缘后掠角 55.1°,右侧弹翼上部有 1 个空速管。弹翼中段外侧翼面可以垂直转折向下,垂直尾翼可以横向折叠,以便于在弹舱内悬挂并少占弹舱容积,外翼面积 1.02 平方米,弹体高度 1.03 平方米,两侧有空气进气口。

弹体内部结构分为前、后两个舱段:前段装有自动驾驶仪的程控装置和各种探测

飞机正进行配备"鹌鹑"导弹

兵器解密

"鹌鹑"导弹长 3.91 米，发射重量 545 千克，飞行马赫数 0.9，实用高度 16000 米，最大射程 639 千米。"鹌鹑"导弹的头部呈球形，弹体为矩形，用玻璃钢制成，使用涡轮喷气发动机推进。

"鹌鹑"导弹看起来就像一架小飞机。

装置，包括回波增强器、杂波干扰机、欺骗式干扰机和红外干扰机，还有各种电气装置，如继电器、配电盘等；后段装油箱、发动机和供油系统等。动力装置采用 J85-GE-7 涡轮喷气发动机，内有 8 级压缩机、1 个环形燃烧室和 2 级涡轮，采用 JP-4 和 55MB 混合燃料。该弹制导系统采用自动驾驶仪程序控制，战斗部采用电子干扰设备和自毁装置。

重要作用

"鹌鹑"的弹翼可以折叠，投放后再自动打开。其外翼段能向下折转 90°。别看它的体形比 B-52 小，由于它的各个部件的交接处（弹翼与弹体之间，弹翼与弹翼之间）均呈直角，因此，其雷达反射截面积很大，几乎与 B-52 相同。"鹌鹑"导弹不装战斗部，只配有电子对抗设备。每架 B-52 飞机可带 4 枚"鹌鹑"导弹。使用时，依次将它们发射出来。这些诱惑导弹在飞行时由自动驾驶仪控制。它们在敌方雷达作用范围内按预定的航线，产生与 B-52 飞机相似的信号，作为假目标，模拟 B-52 飞机飞行，使敌方雷达难以识别真假 B-52 飞机回波信号，达到干扰敌方预警雷达、导弹制导雷达和歼击机机载雷达，扰乱对方防御网，辅助 B-52 轰炸机实施袭击和轰炸。

武装诱惑导弹

亚音速飞航式武装诱惑导弹，弹长 4.26 米，发射重量 771 千克，飞行马赫数 0.8 以上，最大射程 1600 千米。导弹弹体采用铝合金结构，弹翼可折叠，每架 B-52 飞机可外挂 20 枚。导弹仍采用涡轮喷气发动机推进，弹上装有惯性制导系统、探测设备、电子干扰设备和假目标发生器等，武装型诱惑导弹还装有末制导设备和 5 万吨 TNT 当量的核战斗部。

作战时，B-52 飞机进入敌防空区域后即发射诱惑导弹，导弹以与 B-52 差不多的速度飞行，并模拟 B-52 的飞行航迹，在遇有威胁时可进行规避，并能主动发射与 B-52 飞机上电子设备相同的信号和干扰信号。装有战斗部的诱惑导弹还可压制敌方机场、预警和地面引导雷达站等。

◀兵器简史▶

"鹌鹑"导弹于 1955 年开始研制，1958 年首次试射成功，1960 年开始投入生产，1961 年 7 月装备于军队，1962 年 5 月停产，共有 ADM-20A、B、C 三种型号。

图书在版编目（CIP）数据

智能兵器：导弹火箭的故事 / 田战省编著. —长春：北方妇女
儿童出版社，2011.10（2020.07重印）
（兵器世界奥秘探索）
ISBN 978-7-5385-5700-8

Ⅰ. ①智… Ⅱ. ①田… Ⅲ. ①导弹—青年读物②导弹—少年读
物③火箭—青年读物④火箭—少年读物 Ⅳ.①TJ7-49②V475.1-49

中国版本图书馆 CIP 数据核字（2011）第 199812 号

兵器世界奥秘探索

智能兵器——导弹火箭的故事

编　　著	田战省
出 版 人	李文学
责任编辑	张晓峰
封面设计	李亚兵
开　　本	787mm×1092mm　16 开
字　　数	200 千字
印　　张	11.5
版　　次	2011 年 11 月第 1 版
印　　次	2020 年 7 月第 4 次印刷
出　　版	吉林出版集团　北方妇女儿童出版社
发　　行	北方妇女儿童出版社
地　　址	长春市福祉大路5788号出版集团　邮编 130118
电　　话	0431-81629600
网　　址	www.bfes.cn
印　　刷	天津海德伟业印务有限公司

ISBN 978-7-5385-5700-8　　　　　　定价：39.80元